LOTOFACIL

O LIVRO NEGRO

A BRECHA DA LOTOFÁCIL QUE ELIMINA LINHAS DO VOLANTE.

ISMAEL L. COELHO

LOTOFÁCIL O LIVRO NEGRO

VOLUME I

A brecha da lotofácil que elimina linhas do volante

Ismael L. Coelho

Coelho, Ismael L.

C6721 Lotofácil o livro negro : a brecha que elimina linhas do volante / Ismael L. Coelho. – Juazeiro do Norte: [s.n.], 2023.

226 p. : il. ; 23 cm.

ISBN 978-85-471-0748-2

1. Esquemas – Guias de apostas. 2. Jogos de azar. I. Título.

0423-07 CDD 795

Dados Internacionais de Catalogação na Publicação (CIP)

Ficha catalográfica elaborada por
Débora Soares Vicente de Santana – Bibliotecária CRB-9/1914

Índice para catálogo sistemático:

1. Jogos de Azar 795

Dedicatória e Conselhos

*Dedico esse Trabalho de Pesquisa, ao meu filho Pedro Lucas **(Pedrinho)**, que mesmo Sendo uma criança portadora de Paralisia Cerebral Por erro médico, me ensinou a nunca desistir dos meus sonhos. Toda minha busca, é uma gratidão a sua Existência. Obrigado Anjo!*

Conselho: Existem muitos Produtos milagrosos na internet sobre ficar rico do dia para noite. Esse não é o meu projeto. Tenho interesse em te Ajudar a ter tua CHANCE AUMENTADA PARA 15 PONTOS, mais não confunda nunca com certeza de ficar rico ou viver da lotofácil ou da loteria.

Ismael L. Coelho

I

O SEGREDO ESTÁ NAS LINHAS DO VOLANTE...

Por que eu demorei Anos para entender o segredo da lotofácil nas linhas do volante

PESQUISA MATEMÁTICA FEITA ENTRE OS ANOS DE 2014 A 2023 EM CONSTANTE ATUALIZAÇÃO

SUMÁRIO

Apresentação

Ismael L. Coelho, Pai de uma criança especial que ficou tetraplégica por conta de uma grave negligência na hora do Parto. Ele conta sua História Como Conseguiu Vencer Inúmeras Crises Financeiras acertando no Jogo da Lotofácil. O Autor também já conseguiu grandes resultados na Quina, outra modalidade de Aposta que ele estuda todos os dias.

Filho de Pais humildes sem condições financeiras, nunca teve uma vida fácil desde a infância começou a trabalhar aos 11 anos de Idade para ajudar nas despesas da casa.

Contudo, esse Homem nunca se abalou com as dificuldades experimentadas, apesar de nunca ter conseguido apoio algum para realização de seus projetos Matemáticos sobre Jogos de Azar, sempre persistiu numa busca angustiante atrás do sonho de ganhar fortunas em jogos de loteria.

Começou os estudos da Lotofácil com 16 Anos de Idade. Época em que se casou. Até o juiz não queria fazer seu casamento. Ismael enfrentou duras perseguições na religião onde freqüentava.

Líderes religiosos daquela Igreja nunca foram a favor do seu casamento, muitos reprovavam o fato dele ser tão novo para se casar.

Enfrentou duras críticas por ter se casado sem condições Financeiras. Ismael enfrentou graves problemas em seu relacionamento, a maioria por falta de dinheiro.

Não tinha casa própria, passou longos períodos pagando aluguel, além de ter experimentado desemprego, humilhações nas empresas onde conseguiu trabalhar por pouco tempo.

Diante desse cenário de dificuldades Financeiras apresentado, começou a apostar todo o salário que ganhava quando tinha seus 18 anos de idade. Estava desesperado, queria ganhar na Loteria para sair daquela crise.

Mais no começo as apostas da lotofácil que fazia nunca chegava nem a fazer 11 pontos. De todo o salário que gastava com apostas, a maioria dos jogos não alcançava nem 13 pontos.

Ismael era um apostador afobado, ansioso, ignorante, assim como 99% das pessoas são atualmente. Era apenas mais um no meio da multidão de apostadores que perdia todo santo dia seu dinheiro suado do trabalho.

Isso quase resultou na separação e fim do seu casamento. Depois o destino lhe preparou um surpresa... Passou longos anos só perdendo na Lotofácil. Não era de ficar tentando jogar todo tipo de Jogo. **Aliais o autor desse livro não recomenda apostadores ficar jogando diferentes tipos de jogos.** Em vez disso, o ideal é focar em apenas um tipo de Aposta.

Era como ciclo vicioso, ele já sabia do resultado. Toda vez que apostava tinha aquela expectativa que tudo seria diferente, mais quando conferia as apostas, sempre era a mesma rotina de sempre. Nunca conseguia nem mesmo 13 pontos.

Ismael Perdeu uns cinco Anos da sua vida dando lucro para Caixa Econômica, e seu desespero infelizmente nunca ajudou em nada nos resultados do Jogo, pelo contrário o fazia perder cada vez mais... Até que certo dia prometeu para si mesmo que seria o ultimo dia que faria uma aposta se não conseguisse ao menos acertar 13 pontos na lotofácil.

Era como se os 13 pontos fosse um sinal que ele não deveria desistir de apostar. Naquele dia ele resolveu fazer umas 10 apostas. Muito pouco para quem apostava quase todo o salário que ganhava.

Mais foram 10 jogos muito bem planejados. E foram essas apostas que o fizeram acertar pela primeira vez 14 pontos. Após descobri o mecanismo por trás dos padrões que saem no jogo sua vida nunca mais foi à mesma. Essa história você confere agora. Você com certeza vai se Emocionar nessa Leitura Fascinante entre a Sorte e a Matemática.

01

Existe mesmo Algum Segredo no Jogo?

Se eu te revelasse o segredo da lotofácil nas linhas do volante da cartela, qual seria sua reação? Imagina que você pega um volante e sabe exatamente a quantidade de jogo que precisa ser feito, para poder garantir um resultado 100% sem precisar se preocupar com sua sorte aleatória, isso não é fantástico?

Garantir pontuações na lotofácil é algo que muitos gurus da loteria prometem com planilhas. Porém a garantia que eles oferecem está condicionada ao acerto aleatório de um critério que não é nada fácil acontecer. Algo que embora feche resultados **continua a mercê de uma sorte das grandes** para fechar o resultado.

Há quem diga que loteria é 99% sorte e 1% matemática. Eu também pensava assim, até decifrar a linguagem das combinações do volante desse jogo.

Esse Livro faz parte de um projeto que demorou vários Anos de estudo, **para chegar numa conclusão absurda sobre o que você deve fazer para acertar nesse**

jogo. Você está prestes a por as mãos no maior método sobre Lotofácil de todos os tempos.

Algo que vai mudar sua vida Financeira para Sempre. Uma verdadeira Mina de Ouro, bem pertinho de você, **ao passo de algumas páginas. Onde entrego nela, exatamente os 10 jogos mais planejados de todos os tempos da lotofácil e que você deve seguir apostando neles para sempre até acertar os 15 pontos.**

Transformei esse projeto de Pesquisa Matemática, nesse Livro chamado **"Lotofácil O Livro Negro"**, Por que realmente esse é um segredo que poucos conhecem. Com esse método você vai aprender uma Técnica Fenomenal, algo que mudou a minha vida, e que já me proporcionou vários prêmios de 14 pontos na Lotofácil... Bom, não quero ficar falando de mim. O importante são as técnicas.

O projeto de Pesquisa é tão importante como encontrar uma mina de ouro, por que vai aumentar suas chances de acertar os 14 pontos, em pelo menos 90%. E as suas chances que antes era de uma para milhões, vai subir de 1 para 1000 em relação aos 15 pontos.

E tudo isso pode ser comprovado dentro da Matemática. Sou especialista em Combinatórias, e atuo há anos no segmento matemático dos jogos de Azar. Sou autor de uma teoria que 1% já ouviu falar, e que apenas 0,001% Já testaram. Só falta você.

Esse Livro é um presente milionário. Considere isso, por que ao por suas mãos nessa maravilha, você não vai precisar compreender nada da teoria. Por que eu vou te entregar **Grupos de jogos prontos já testados para usar. Entre eles os 10 jogos que já ganhei muitos Prêmios com eles. Na parte secreta com nome PRESENTE!**

Um banco de jogos prontos, já testados por mim. Ele é poderoso o bastante para recuperar gastos com apostas, acertando infinitos 11,12, e 13 pontos. E com 50% de sorte, caso acerte o critério combinatório do grupo de jogos, acerta em 100% os 14 pontos, com altas chances de faturar os 15 pontos, gastando pouco dinheiro.

Eu sei que parece bom demais para ser verdade. Eu não preciso mentir, sou testemunha viva, e dou Graças a Deus por que descobri esse sistema. Sim, e antes que me esqueça, na compra desse material, você estará entrando para minha comunidade. Sim, são muitos Alunos.

Você não vai querer ficar de Fora dessa Mina de ouro vai? Então aproveita e não abandona essa Chance. Clica e pegue logo o presente. Se não testar, como vai saber?

02

Vamos começar por Mim

Já faz algum tempo que eu aposto em loterias. Mais confesso que demorei bastante tempo, para começar a entender o sistema matemático formulado pelos especialistas de Jogos de Azar.

Meu Nome é **Ismael L. Coelho**, nasci num lar bastante humilde, assim como continuo com a mesma humildade de sempre, independente de qualquer fortuna, ou dinheiro que já acumulei.

A minha Vontade de ganhar na loteria, começou na minha juventude. Tão logo que comecei a trabalhar, tive grandes dificuldades para permanecer nos empregos que conseguia.

Era uma pessoa bastante humilhada nas empresas pela qual tentava ganhar meu pão de cada dia. Saia da fábrica direto para uma casa lotérica. Eu tinha a certeza que um dia a sorte iria sorrir para mim.

Meu sonho era comprar minha casa, melhorar minhas condições de vida, pois me casei muito novo, aos 16 anos de idade.

Do fruto do meu casamento surgiu um guerreiro que me incentivou a perceber no mundo, algo que a maioria das pessoas não percebe. O nome desse guerreiro chama-se **Pedro Lucas - PEDRINHO.**

Faço Questão de mostrar fotos pessoais dele comigo. Por que foi ele, que me auxiliou a perceber o quanto precisamos entender a sociedade.

Entender os negócios, questionar sobre tudo. **Meu filho era para está andando, mais devido a um erro médico, tornou-se uma criança tetraplégica por resto de sua vida.** Eu poderia muito bem desistir de tudo, e viver

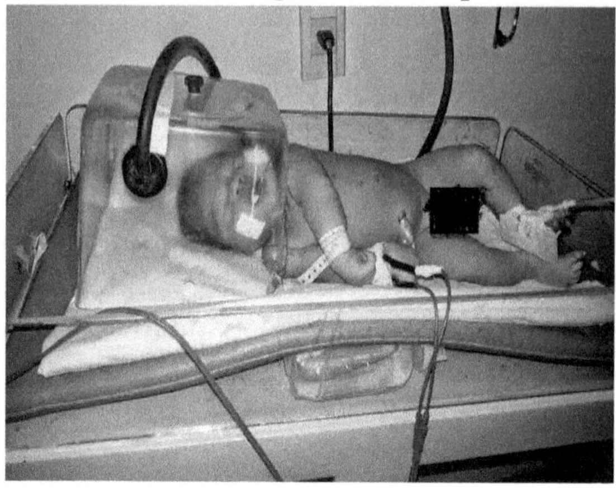

apenas lamentando. Mais graças a ele, eu sempre procurei vencer os obstáculos que a vida me estabeleceu.

Embora tenha se tornado uma criança vivendo em estado vegetativo em UTI em casa, têm pais muito amorosos, que não trocam um só segundo, o seu amor e carinho, por qualquer dinheiro desse mundo.

Esse foi o dia que aprendi a viver. Por conta de uma grave tragédia de um Médico sem responsabilidade, meu filho teve dificuldade de nascer. Teve sua clavícula direita quebrada, faltou oxigênio... Enfim, desde então é cadeirante, teve seu corpo totalmente sequelado com dispositivos para se alimentar e respirar... **CHORO...**

Só que diante dessa cena que nunca me saiu da cabeça, eu aprendi que devemos lutar por nossos sonhos. Pois muitas pessoas não acreditam na gente. Mais o que importa é acreditar em nossas crenças. Nós não nascemos para sermos vítimas de ninguém. Não somos azarados.

Não nascemos para sermos humilhados pelos outros. Todo ser humano tem valor. E por mais que não seja observado com bons olhares, meu filho me ensinou que nossos projetos dependem de nós mesmos. E por conta dele eu sempre continuei acreditando que sou forte.

Muito forte o bastante para suportar dores. Mais também inteligente para acreditar em mim mesmo. Nos meus estudos e projetos. E por esse motivo eu sei o que estou fazendo, e todo meu esforço certamente vai valer à pena. Pois muitos também vão usufruir do meu conhecimento para poderem mudar as suas vidas.

Eu sei que o livro é sobre loteria, e que não deveria está escrevendo isso. Mais preciso que você antes de estudar essas Técnicas e Esquemas, entenda perfeitamente o que me levou a descobrir definitivamente o segredo da Lotofácil e de qualquer outro jogo de Loteria.

No ano de 2010 terminei o curso Técnico em Informática, onde aprendi muito sobre lógica de programação.

No ano seguinte, ingressei no mundo da Música, onde também sou músico profissional. Aprendi muito sobre teorias de tempo e compasso, unidades lógicas e Aritméticas, até que descobri que eu realmente era fascinado pelo **mundo das combinações.**

A Matemática circulava no meu sangue. Eu nasci com um objetivo acentuado ao mundo das combinatórias. Iniciei o curso de Matemática, onde também recebi o título de Licenciatura Plena.

Mais nunca exerci a profissão Pedagógica, me dediquei mesmo ao mundo da arte, sou escritor, tenho diversos livros publicados, e também trabalho no campo das estatísticas voltado aos jogos de azar. **Homem bem sucedido nas finanças pela gratidão que lanço ao universo.**

Sou autor de uma teoria matemática onde uso sistemas e matrizes para desvendar os mistérios dos jogos da Caixa Econômica, em especial, o Jogo da Lotofácil.

Não que eu seja titulado o grande especialista, o expert que acerta tudo, e toda vez que aposta, nada disso. Acontece que a Lotofácil sempre foi um sistema que me deixou perplexo pela simplicidade do resultado, e a dificuldade que as pessoas têm, de entender alguns mecanismos de padrões na linha e na coluna do volante.

No entanto eu ralei muito. Apanhei bastante. E de fato, perdi muita grana, tentando acertar na Lotofácil. Se você está lendo esse livro, é por que talvez, já tenha comprado de tudo, na crença de encontrar uma receita mágica, para acertar os tão cobiçados 15 pontos, ou pelo menos fazer 14 pontos.

Sou a pessoa ideal para te revelar essas técnicas, afinal de contas eu já as testei, e não faz tanto tempo assim, pena que já deveria ter descoberto há anos... Minha vida teria tido menos problemas financeiros. Não que eu aconselhe você resolver seus problemas financeiros com jogo.

Acontece que o esquema não é algo fácil de entender, embora simples, muitas pessoas não sabem ou não acreditam que realmente exista uma maneira de acertar na lotofácil, sem depender de uma astronômica sorte.

Porém eu já fui cético, descrente, assim como você, pois não acreditava que poderia existir algum método que pudesse dentro dos padrões matemáticos da probabilidade aumentar as chances do apostador.

Por que não é assim que os matemáticos propagam, eles dizem que suas chances de acertar os 15 pontos, apostando quinze dezenas simples, o coloca numa distância de 1 para 3 milhões de combinações Possíveis.

Já fui bastante criticado com meus estudos, inclusive pessoas me pedem meus comprovantes de ganhos, sem ao menos entender o que de fato é esse Conhecimento. Não me interprete como milionário, pois não sou. Contudo, tais descobertas sobre esse jogo são realmente incríveis.

No entanto eu não vivo me escondendo de ninguém, existem técnicas que aumentas as chances de verdade de você acertar um bom prêmio na loteria.

Acho que tantas pessoas que precisam ter melhores condições de vida buscam a todo instante essas informações.

Não tiro a razão de ninguém na questão de duvidar. Por que eu era assim, e sempre duvidei de tudo. São nas dúvidas que surgem as respostas.

Se não fossem as tentativas, os erros e as percas, as frustrações, os desafios para resolver problemas do meu filho, eu nunca teria estímulo para continuar durante anos, tentando acertar algo que quase ninguém acerta.

Por que são muitos boatos de que existem fórmulas mágicas para se alcançar os 15 pontos. Não faltam pessoas querendo vender planilhas, robôs que geram jogos etc.

Eu amo ensinar as pessoas. **Tento Mostrar que a matemática das combinações ela pode ajudar muito na elaboração das apostas.**

Sei que você está ansioso para pular para o final do livro, pois é nele que vou te contar várias sacadas do jogo da Lotofácil. No entanto recomendo que faça essa leitura, **e não use os jogos prontos desse livro sem entender antes a teoria que tento ensinar.**

<u>O Segredo de acertar no jogo está na sua mente</u>. Por isso que estou contando e relatando minha história de vida pessoal, para que primeiro você compreenda que eu tenho a melhor técnica para esse jogo, mais que seus acertos vão depender de muitos fatores ligados entre si além da técnica propriamente ensinada.

<u>**Fator Sorte:**</u> Esse nunca será eliminado do jogo. Depois vem outros fatores como acertar o critério da técnica, fazer teimosinhas que representa o fator persistência, e por ultimo reservar um dinheiro do seu orçamento para jogos de azar. Tipo um fundo para apostas. Pois as coisas não acontecem de forma instantânea. **Eu demorei muitos anos para aperfeiçoar o estudo dessa estratégia para acertar os 14 pontos pela primeira vez.**

Calma. De fato você <u>precisa de um fundo de apostas</u>, mais não precisa começar a apostar somente quando tiver bastante dinheiro nesse fundo. Somente tenha cuidado para nunca gastar todo dinheiro do fundo, se não a sua banca com certeza vai quebrar.

Admiro pessoas que não desistem dos seus sonhos. Não desistem de seus projetos, de suas idéias, e o resultado disso tudo, é que no final colhem bons resultados.

Então por isso que cheguei a acertar bons prêmios na Lotofácil e na Quina. **Por que sempre fui uma pessoa teimosa, persistente, mais sempre estudando para solucionar os meus erros.**

Existe uma diferença enorme entre errar, persistir com o erro, e tentar acertar. Embora seu problema seja exatamente não persistir.

Isso é um grande segredo. Por que você precisa entender o fator da persistência, para depois, sonhar em acertar nos jogos de loteria.

Nesse quesito, creio que sou a pessoa ideal para mudar o seu conceito sobre jogos de loteria. **Pois ninguém tentou tanto acertar esse jogo, como eu. E confesso que isso mudou minha vida.**

03

Por que eu sempre Perdia na Lotofácil?

Quem sabe o meu problema seja o mesmo que você está enfrentando nos dias de hoje. Eu era muito ansioso, aos 15 anos de Idade foi um período muito difícil da minha vida.

Enfrentei nessa Época uma profunda depressão, confesso que tive desejos de me suicidar devido o sofrimento e angustia que eu experimentava naquele tempo.

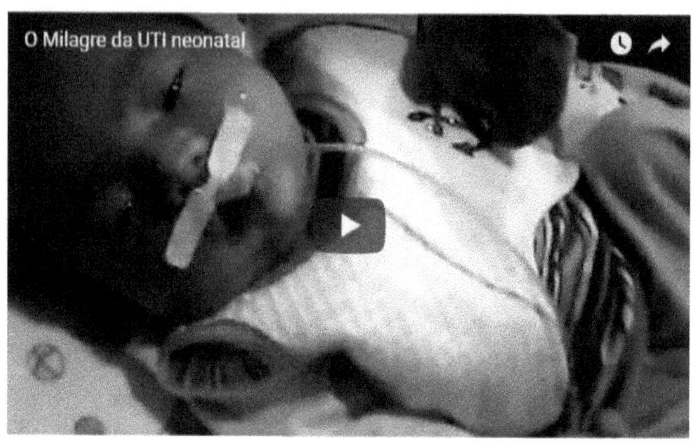

Minhas angustias eram muitas. Meus Problemas não eram psicológicos, eu tive uma infância muito boa, meus pais sempre me deram carinho e atenção. O único problema eram as condições financeiras dos meus pais.

Logo cedo comecei a trabalhar para ajudar meus pais no sustento da casa. Nessa época eu tinha 11 anos de idade. Penso que ao viver preocupado numa fase da vida que não deveria ter passado por isso, foi o fator que desencadeou aquela depressão.

Foi muito difícil superar ela, principalmente por que eu não tinha apoio de ninguém, Inclusive em quase nada da vida até se casar aos 16 anos de idade, nunca tive alguém que me ajudasse em nada. Meus pais não tinham tempo de me ajudar por que trabalhavam muito.

Ainda me lembro das vezes que ajudei minha mãe a empurrar o carrinho de espetinhos para ela assar churrascos nas feiras livres... E tantos outros tipos de trabalhos. Admiro muito eles por que nunca pediram nada a ninguém. Graças a Deus nunca precisamos pedir para nos alimentar.

Dava-me uma pena ver minha mãe com papelão e a fumaça subindo, ela com a pele vermelha do sol, aquilo era o trabalho dela. Todo trabalho é honesto, mais eu não entendia por que a gente nunca conseguia dinheiro suficiente pra nada.

Meu pai era cabeleireiro, inclusive até me ensinou a cortar cabelo. Mais a renda da minha família parece que não dava para pagar as contas. Nunca meu pai conseguiu nada na vida. Pelo menos na época dos tempos difíceis.

Enfim... Esse livro não é sobre meu sofrimento. Apenas faço questão de relatar alguns pontos da minha vida, para que você possa perceber o real valor do estudo e da criatividade. Pois o conhecimento sempre pode mudar a vida das pessoas.

Apenas o conhecimento é que pode transformar a vida de uma pessoa. Talvez fossem essas experiências que experimentei que me ajudou a desenvolver muitos trabalhos brilhantes no campo da matemática e outros tantos livros que já publiquei sobre a vida e sobre a existência de enigmas sobre Deus, destino etc.

Foi o sofrimento que me Fez entender por que perdia na Lotofácil. Por que jogava com meu emocional abalado, essas energias negativas sempre me fizeram perder não apenas no jogo, mais muitas oportunidades na vida.

A coisa ficou pior nos primeiros meses do meu casamento. Quando eu conheci minha esposa, e graças a Deus vivo com ela ainda hoje, já temos até essa data que escrevo esse livro, 16 anos de casados mesmo sendo

Jovens casais. Hoje vivemos uma vida estabilizada, mais nem sempre foi assim.

Conforme falava, quando conheci minha esposa, na época que éramos namorados, eu tinha 15 anos de idade. Foi exatamente nesse tempo que não entendo como ela aceitou noivar comigo, já que eu não tinha nada, e ainda por cima estava enfrentando uma triste depressão.

Para você ter uma idéia, nessa depressão que eu enfrentei, nem mesmo meus pais conseguiam me entender. Nem meus amigos... Parecia que o mundo inteiro estava contra mim. Eu freqüentava uma igreja onde desde criança mantive minha fé em Deus inabalável, por que por mais que você ache que não precise de Deus, saiba que tem horas que somente ele pode resolver certos problemas.

Meus problemas eram muitos. A depressão era orgânica, com origem nas dificuldades financeiras. Eu acumulei anos de fúria e desgosto por desejar coisas que meus pais nunca podiam me dar. Coisas materiais, como um sapato, uma roupa nova, um celular, ou até mesmo um bolo de aniversário.

Meus pais nunca se divertiam. Eu descobri o que era uma piscina quando meu filho nasceu. Ele me ajudou até a conhecer o Mar... **Porém antes dele eu tinha uma vida monótona, sem graça, construída na escassez e na**

falta de tudo. Menos de amor. Contudo, não ter dinheiro também é muito humilhante por que isso te coloca pra baixo, e muitas vezes te exclui da sociedade.

Minha depressão era o resultado do sentimento de exclusão social, já que eu não freqüentava pizzarias, restaurantes, não tinha nem festas de aniversário. Meu primeiro bolo de aniversário eu ganhei na empresa onde trabalhava como Técnico de Informática, um ano depois que havia me casado.

Então eu acho que você já deve entender como eu me sentia. Minha vida ficou mais leve quando conheci minha esposa. Eu consegui enfrentar a depressão juntamente com ela que me apoiou bastante.

Eu mesmo procurei ajuda de um Psiquiatra. E pode ter certeza que não tenho vergonha alguma de relatar isso aqui nesse livro, **só pra você deixar de ser essa pessoa pessimista, que vive reclamando de tudo, pensando que perde na Lotofácil por que é uma pessoa sem sorte.** Eu pensava assim. Toda vez que pegava um resultado eu já gritava: *"Maldito resultado de merda! Sou uma pessoa sem sorte, que Maldição!"*

Eu não sabia que era isso que estava me fazendo perder na Lotofácil. Por que se eu já gritava para o universo Chamando o resultado de Maldito, e ainda considerava uma merda, como o universo me daria uma

Benção? Ou pelo menos abriria minha mente sobre o que estava fazendo, iluminando meus caminhos com a luz de Deus, para que pudesse ver o lado misterioso das coisas.

Por que tudo que existe no universo possui segredos e mistérios ocultos. Cabe aos que buscam seus significados descobrir. Mais não é com rancor, ódio, pressa, ignorância que vão conseguir... Há muitos mistérios no céu que são descobertos com anos de pesquisa, e muitos deles levam décadas para serem solucionados.

Por que eu queria que o universo me atendesse rapidamente por que eu era honesto, filho de pais pobres, pessoas em que tenho todo meu orgulho e admiração pela fortaleza da paz que representam.

Pois nunca os vi reclamando de nada. Pela falta de comida, ou mesmo por alguma dificuldade que passavam. Já eu sempre insatisfeito passei por uma depressão para aprender a ter paz. Essa paz nasceu de mim mesmo quando parei de ver problemas, e procurei soluções sendo GRATO em qualquer situação.

Preste atenção! Pare de reclamar ou de ver problemas... Se você quer realmente ganhar no jogo, esteja preparado para jogar fora tudo que te faz perder. Isso geralmente deve ser por conta da tua raiva e do teu ódio acumulado de energias que te impedem de abrir a porta. Têm uma porta e uma chave. Para conseguir abrir ela você tem que ser grato com pouco que recebe.

Quando você começar ser grato, tenha certeza que até sua sorte vai mudar. Minha sorte mudou quando conheci minha esposa. Meu namoro foi cheio de desafios. Muitos dos meus amigos não apoiavam, porque eu não tinha dinheiro, estava com problemas mentais e psicológicos, enfim... Fui desmotivado por muitos na vida.

Quando eu mesmo reconheci meu fracasso... Pois minha namorada disse que não se casaria comigo enquanto eu mesmo não mudasse... Tomasse coragem para reconhecer meus problemas. Eu tomei coragem e fui atrás da solução.

O psiquiatra olhou para mim na primeira consulta e me disse assim: *"Você não tem nenhuma doença mental"*. Seu problema é que você é inteligente demais e ninguém sabe reconhecer o seu talento. Vou receitar apenas alguns remédios para ansiedade, mais me conte um pouco da sua vida.

Parece que aquele psiquiatra sabia de tudo. Que eu era um viciado em jogatina. Que eu era um fracasso financeiro. Ele fez uma varredura no meu passado. Contei para ele tudo que passei na infância, dos trabalhos, da falta de dinheiro, das minhas pesquisas e talentos ocultos... E fui contando tudo.

Falei até dos jogos. Meus motivos por que jogava tanto. Queria ganhar na loteria para ser feliz. Eu queria se livrar da tristeza. Para mim o único remédio era acertar 14 ou 15 pontos na Lotofácil. Eu estava louco.

O Psiquiatra me indicou várias sessões de psicoterapia individual com uma psicóloga. Ela era especialista em comportamento humano, desenvolvimento, enfim, uma pessoa que me ajudou a lidar com minha inteligência, organizando meus pensamentos que se voltavam contra mim por que não conseguiam sucesso que desejava.

Pensei que nas sessões ela fosse me aconselhar a parar de jogar na loteria. Quando ela me perguntou se eu tinha algum vício... Eu pensei em não contar para ela que eu era um viciado. Fiquei com vergonha, mais ao mesmo tempo ela percebeu que eu gostava de jogar.

Não sei como ela percebeu isso em mim. Foi envolvendo, mandando-me escrever, pintar, sei lá como ela usou aquela malandragem para descobri meus sentimentos... Mais ela era boa como psicóloga, e pode crer que eu falei tudo sem querer... Até do valor que gastava com apostas.

Quando eu pensava que ela iria aconselhar sobre a questão de parar de apostar. **A louca disse que apostava também, e pior ainda, nunca acertava nada**. Parecia que era igual a mim. Ela dizendo que chegava a dar ódio por que ela queria ganhar na loteria. **Afinal de contas, quem não quer ganhar na loteria?**

O médico, o Juiz, o Policial, se brincar até o presidente da república faz sua fezinha. Enfim, mais ali foi onde abri minha mente. Parei de pensar que o problema era só meu. Não era o resultado que era maldito, nem tão pouco minha falta de sorte, ou por que aquilo era uma merda por que eu vivia sem sorte.

Não. O problema era global devido às probabilidades complicadas de acertar certos critérios do jogo. Milhares de pessoas continuam apostando e perdendo todos os dias. **Assim como eu apostava, muitos apostam com ansiedade, afobados com ódio, ignorantes no conhecimento. Apostam de qualquer jeito cruzando os dedos e contando apenas com a sorte.**

Tem gente que acerta no jogo só com a sorte estúpida. Por isso que vale a pena investir no conhecimento das combinações.

Prefiro te contar à verdade que passei com esses jogos... Por que você está vivendo exatamente minha vida passada, sendo um perdedor com eu era. E sabe por quê?

Por que você é um IGNORANTE! Desculpe ser sincero e se vai doer ainda mais em você. **Você perde na lotofácil por que além de ser Ignorante, você é ANSIOSO...** Você é AFOBADO... Você pertence à sociedade do macarrão instantâneo. **Quer resultados para AGORA!** Coloca toda a solução apenas no resultado do Jogo.

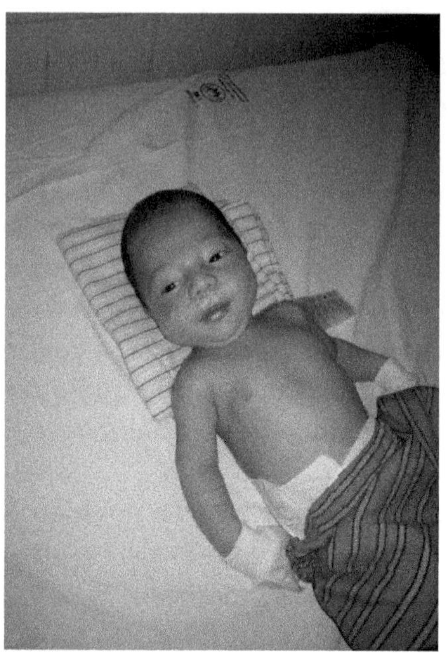

Eu já recebi tantas mensagens. Pessoas desesperadas para comprar um remédio, querendo ganhar na loteria para poder comprar um medicamento que a própria justiça garante a você cidadão, esse direito. Por que eu mesmo já precisei da Justiça. **Nunca me esqueço dos inúmeros processos judiciais que abri na justiça para conseguir remédios para meu filho.** Tudo isso antes de saber jogar na lotofácil de forma profissional.

Eu tive um casamento sem nada. Não tinha nenhuma cama para dormir. Para você ter uma idéia após vencer a depressão, tinha 16 anos de idade. Era menor de idade. Cheguei aos meus pais e disse que me casaria. Eles me perguntaram se eu tinha essa coragem.

Eles não tiveram outra escolha a não ser assinar minha maior idade civil apostando na minha capacidade de ser um pai de família. Mesmo sendo adolescente, eles viam em mim o que a sociedade da época não conseguia enxergar.

Mais essa atitude deles me custou críticas muito duras. Pessoas desejaram até meu divórcio. Até o juiz do casamento me chamou as escondidas e me interrogando quando seria a separação. Ele estava convencido e tantos outros que esse casamento seria um fracasso.

Por que o ser humano ver apenas os problemas. Não consegue ver no seu próximo a capacidade da inteligência. Em vez de serem ajudados, negam receber o conhecimento que poderiam ajudá-las. Mais desprezam esse conhecimento por que pensam que sabem de tudo.

Continuam ser ignorantes. E por serem assim nunca vão aprender nada na vida. **Pois a riqueza vem da sabedoria.** Do poder da observação e do dom de entender os problemas. Por tanto, eu era assim e não sabia. Por isso esse foi o motivo que me fez perder na lotofácil por muitos anos.

04

Quando eu comecei a ganhar na Lotofácil?

Eu comecei a ganhar na lotofácil quando deixei de ser Ignorante. Assim como talvez você esteja sendo. Não acredita em nada que te contam. Mais quando recebe a oportunidade de alguém ensinar técnicas para loteria, já pensa logo que é mentira.

Devido às grandes mentiras da internet e as promessas de ganhos: *"Compra aqui essa planilha de R$ 150 reais... Tu vais e compra."* A planilha não dar resultado tu diz que o problema foi ela. E continua comprando outras planilhas, sempre gastando dinheiro à toa. Quando não é planilha, compra aplicativos milagrosos que prometem salários semanais com jogos de azar.

Então tu encontras outra oferta de um Aplicativo que custa quase R$ 200,00 reais. Compra! Mais depois fala novamente que o aplicativo não funciona. É claro que eles não funcionam. Por que um jogo é composto de combinações. Se você não entender essas combinações não é um sistema que vai te dar resultado, e sim a forma como você aposta.

É claro que sempre você vai perder no jogo. **Até que você comece a estudar o jogo.** Fuja de soluções milagrosas e urgentes. De promessas absurdas de ganhos semanais... Fuja de tudo que promete demais. A verdade muitas vezes pode ser dolorida, mais ela é o melhor caminho para quem deseja acertar um dia na loteria.

Eu digo isso por que a segunda fase que me fez perder muita grana jogando na lotofácil foi exatamente à compra desses aplicativos, das planilhas, dos sistemas etc.

Tenho testemunhos de muitas pessoas que ao conhecerem o método dos padrões combinatórios, passaram a sair de 11 pontos para 13 pontos, algo que nunca conseguiam fazer. Já outros, conseguiram até os 14 pontos. Teve um aluno do meu **curso Lotofácil Sem Coluna**, que me enviou um e-mail me dizendo que no seu bolão havia acertado 15 pontos.

Só que o resultado não é a mesma coisa para todos. Não por que o método não funciona, mais por que as pessoas não querem pagar o preço da estratégia. **Buscam Soluções imediatas, como se fosse possível acertar na lotofácil com o estalar dos dedos num passe de mágica.**

Eu fui muito ignorante quando apostava de qualquer jeito. Primeiro eu pensava que o problema era minha falta de sorte. Depois descobri que não tinha nada haver comigo, **já que o jogo não foi planejado para muitos ganhar.** O que determina isso são as probabilidades, possibilidades, combinações etc.

As probabilidades são muito difíceis quando não existem critérios matemáticos. As possibilidades são melhores quando se conhece combinações que são fatores determinantes no resultado.

Cada resultado negativo era a falta de conhecimento que eu não tinha sobre esses assuntos. O que eu precisava era entender o **PADRÃO DO JOGO. Entender que ele não é um padrão fácil de acertar, pois depende de número de tentativas, teimosinhas, por que o fator sorte não pode ser Eliminado da Aposta, mesmo com todo conhecimento do mundo sobre combinações.**

Esse era meu fracasso. Não saber que todo jogo tem um padrão. **E cada padrão que é sorteado não sai para todo mundo... Inclusive, tais padrões saem para alguns poucos grupos de apostas onde muitos acertam por pura sorte, sem conhecimento algum de combinações.**

Por que se o Brasil inteiro aposta na Lotofácil por que apenas 3 a 4 pessoas em média acerta os 15 pontos? No meio de tantas apostas será se não existem muitas com técnicas, estratégias variadas etc. O problema não é a estratégia, **mais o comportamento do apostador.**

Isso é como um filtro. Você tem a faixa de combinações que devem ser AMARRADAS. Se você nunca **segurar um padrão apenas**, nunca acertará 14 ou 15 pontos. Por que o jogo ele foi projetado para percas. Você primeiro tem que aprender a perder consciente, para ganhar consciente.

Perder consciente é saber o motivo da perca. Perdeu por quê? A resposta que 99% dos perdedores pensam é falta de sorte. *"Sou uma pessoa sem sorte para essas coisas"*.

Eu pensava assim, por isso era um mau perdedor. Na verdade na Lei do Universo não existe Sorte e nem Azar. Isso são conceitos criados para explicar eventos. A primeira coisa que você precisa retirar da cabeça é a idéia de que precisa desses dois elementos para vencer no jogo.

As percas de um jogo é um evento natural. Não existe jogo que retorne lucros, ou que você vai descobrir uma técnica para ganhar salários semanais de 14 pontos na lotofácil. O problema é que existem muitos boatos na internet criando essa expectativa que não existe.

Aprender a perder consciente é quando você sabe o motivo da perca. Primeiro perder no jogo é algo natural. Vai acontecer mesmo. Por que nem todo dia você vai ter sorte de acertar uma estratégia ou Padrão que você escolheu. Mesmo que ela saia com freqüência, não existe certeza absoluta que esse padrão vai sair no dia que você apostar.

Você tem a consciência que existem muitos padrões por isso sabe identificar quando ele não sai no jogo. Mais perder consciente não é perder para sempre. Por que o padrão que você escolheu ele vai sair em dias posteriores, você deve manter firme independente de ter perdido muitas vezes. Pois quando ele sair, você terá chances absurdas de pegar faixas de premiações difíceis como 14 e 15 pontos.

Contudo ENTENDER O PADRÃO pode fazê-lo chegar perto desse resultado, e até conseguir acertar. A ignorância de não querer entender o padrão me fazia perder para sempre. As estratégias que ensino não é para evitar que a pessoa perca. Nada disso. **É para fazer a pessoa aprender a apostar segurando padrão e esperar que ele saia. <u>Segurar para sempre o mesmo padrão.</u>**

Não foi ninguém que me contou esse segredo. Mais foi minha experiência observando os padrões do jogo que consegui mudar o rumo das minhas apostas. Ainda perco consciente, e sei por que perco. Mais isso não me desestimula a mudar o padrão da aposta. Não mudo mais padrão independente dele sair ou não no sorteio.

Eu comecei a entender o padrão da lotofácil quando meu filho nasceu. Como se não bastasse ter se casado enfrentando muitos problemas financeiros, e até ter sofrido alguns anos com isso, minha esposa engravidou.

Eu não estava estabilizado financeiramente na época quando ele nasceu mais eu tinha um emprego, minha esposa era concursada em uma empresa pela qual trabalhava, e os dois salários na época dava para viver razoável.

Mesmo assim não era uma situação confortável, por que eu ainda não tinha casa própria. Apesar de que estava construindo uma, e até já estava quase em fase de acabamento. Gastei muito naquela construção.

Naquela época em 2014 quando tinha 24 anos de idade, eu já tinha mudado minha visão sobre jogos de loteria. Já estudava os padrões da lotofácil, e tinha alguns acertos de 13 pontos. Mesmo assim não havia acertado ainda meus primeiros 14 pontos na lotofácil.

Ali naquele tempo descobri as linhas e colunas, os padrões combinatórios que relato nos meus inúmeros livros que publiquei sobre o assunto. Usava algumas fórmulas combinatórias que até me davam várias vezes 13 pontos. Mais era cansativo aquilo. Não saia dos 13 pontos. Parecia que a bola sempre ficava na trave e não entrava.

Duas coisas importantes aconteceram quando eu consegui acertar 14 pontos pela primeira vez. A primeira é que eu não precisei gastar muito dinheiro, jogando inúmeros jogos, várias combinações, torrando todo meu salário com apostas. A segunda é que eu apostei com

Teimosinha. Por que se você escolhe um padrão e repete ele, não precisa mais que 31 jogos para fazer 14 pontos. **Desde que esses 31 jogos façam parte do mesmo padrão de linha.**

Explico isso nas aulas de padrão combinatório. Primeiro você deve está consciente de duas coisas. A primeira é que a lotofácil é composta de 5 linhas ou 5 colunas tanto faz apostar com as linhas ou com as colunas você que escolhe.

Eu prefiro escolher as linhas, pois os padrões de combinações das linhas são em seqüência, ou seja, muito mais fácil de acertar. Mais mesmo sendo fácil de acertar, não pense que é uma facilidade daquelas que você vai acertar todo dia.

Eu digo fácil por que na linha só existem 31 combinações máximas. Isso significa que se você apostar todas as 31 combinações dessa linha em 31 jogos teria 100% o acerto daquelas dezenas daquela linha. E isso sem depender de sorte para ter esse resultado. Lógico. Porém não é só a linha que vai garantir o acerto dos 14 pontos.

Na verdade se você fizer isso não vai adiantar muita coisa, por que existem mais 4 linhas, o que ainda totaliza 20 dezenas, onde precisa acertar 10 entre as 20. Algo ainda muito difícil de acontecer.

Por isso as duas coisas que precisa é entender que uma linha você escolhe 31 combinações diferentes, todas as 31 combinações máximas, e apostando 31 jogos. Só que as outras linhas infelizmente você vai ter que escolher o que eu chamo de PADRÃO FIXO.

Nada mais é que escolher dezenas fixas. Então o segredo do jogo é só isso. Usar todas as combinações da linha para variar combinações e garantir resultados, e fixar dezenas nas demais linhas.

Mais então você me pergunta: *"Acertar essas dezenas fixas que em tese são umas 10 dezenas para mais ou para menos, não é algo difícil?"* Então é o que lhe falei, sobre a questão de segurar padrão de linha.

Você vai segurar essas dezenas ou combinações fixas até que elas saiam nem que você não passe dos 11 a 12 pontos por um bom período. Isso não importa. O que importa é saber identificar o padrão que você está segurando. Se ele já saiu anteriormente há quanto tempo? Padrões de 4 linhas geralmente não se repetem com facilidade. Os padrões que costumam se repetir são de 3 linhas.

Por isso é fundamental que você observe sorteios passados. Analisar através do **programa loteria soft**, ferramenta que irei falar bastante nesse livro. Se o padrão não saiu cerca de alguns meses, **faz sentido segurar ele,** pois certamente ele vai sair. Agora tem que escolher as dezenas dentro desse padrão fixo, de acordo com as estatísticas. Você encaixa as dezenas dentro do padrão fixo. Você não muda o padrão de linha, somente as dezenas dentro desse padrão.

E minha história continua depois dessa sacada... Enquanto no jogo tudo estava se encaixando... Tive uma surpresa no dia **29 de outubro de 2014.** Quando meu filho nasceu eu não pude acompanhar o parto de sua mãe. Por que fui impedido de entrar na sala de parto.

Ali aconteceu o parto, e eu não sabia nada do que estava acontecendo. Dirrepente minha esposa foi levada para outro quarto, e perguntei onde estava o médico, mais o pessoal do hospital não sabiam onde ele estava.

Pareciam está todos nervosos como se tivesse acontecendo alguma coisa. Fiquei desesperado. Eles não queriam mostrar onde estava meu filho. Por que segundo o pessoal do hospital ele estava passando por alguns procedimentos.

Eu entrei na sala depois de muita insistência, e quando vi meu filho pela primeira vez ele estava com corpo todo Inchado, com a clavícula quebrada, um capacete de oxigênio na sua cabeça, como mostrado na imagem anterior.

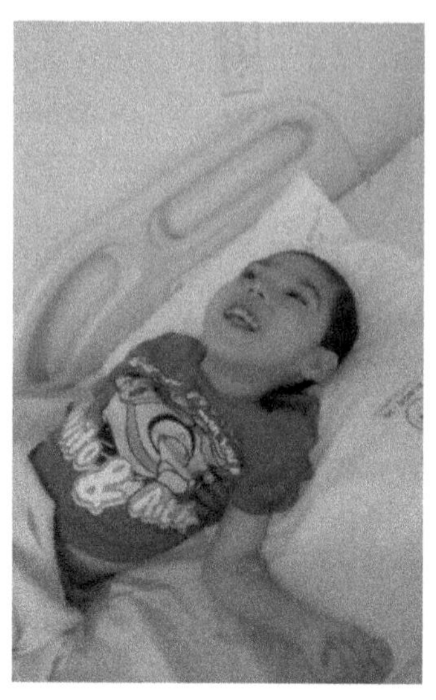

Aquilo foi como se tivesse acabado minha vida. Eu morri naquele dia. E como se não bastasse ter enfrentado crises financeiras, problemas com depressão, e tantas outras frustrações, ainda tive que lidar com experiências traumáticas que ainda hoje tento superar. Não perdi meu filho, mais ele vive vegetando hoje em dia num leito de Hospital (HOME CARE) dentro da minha própria casa.

O nome do meu filho é Pedro Lucas, mais eu criei uma rede social dele com perfil de **Pedrinho**. Contei o caso nas redes sociais que repercutiu muito, e ainda hoje repercute, por que meu filho foi vitima de negligência médica.

Então após alguns anos eu acabei denunciando o médico para o CRM- Conselho de Medicina Regional e Federal, em 2018 o médico foi processado, em 2020 foi condenado por negligência Médica, e em 2022 foi agravada sua pena no CFM- Conselho Federal de Medicina, mais acabou não dando em nada. Restou apenas uma pequena advertência. Devido nosso país não ter Justiça e proteger sempre quem faz coisa errada.

Nunca consegui vencer esse trauma, infelizmente não existe dinheiro ou bens materiais que consiga comprar a saúde de um ser humano. Nem mesmo ficar milionário seria o remédio para tal sofrimento.

Se você quer saber eu trocaria um prêmio milionário da loteria para ver meu filho sair da cadeira de rodas ou retirar os dispositivos para se alimentar e Respirar. Eu daria tudo para ver ele se alimentando pela boca, e não por uma sonda ou dispositivos artificiais.

Passando dias no hospital internado com pneumonia em várias épocas do ano, e sofrendo crises de ataques epiléticos violentos constantes... **Você tem noção do que passo todos os dias? Eu conto isso para te motivar. Às vezes você não tem problema nenhum e reclama da vida.**

Isso é a minha vida após meu filho nascer vitima de erro Médico. Mais enfim, o pior nem é o que passo hoje, mais o que já passei... Por que além de ver meu filho sofrendo, ainda tinha que me preocupar com remédios caríssimos... O custo para manter uma criança especial é altíssimo.

Lembro que uma vez foi muito humilhante quando fiz uma vaquinha com a família para comprar seu medicamento de alto custo, enquanto a Justiça analisava há meses um direito que ele já tinha.

Enquanto não saia aquela decisão judicial eu sofri muito. Lágrimas de minha esposa foram derramadas... Por que ela perdeu seu emprego assim que nosso filho nasceu. Logo depois eu perdi o meu também.

Ambos ficamos desempregados morando de favor na casa dos meus pais, que inclusive, continuavam sem condições financeiras. Agora éramos 3 pessoas falidas. O pai pobre, a mãe com filho especial, e o filho vítima da desumanidade e da falta de Justiça no País onde os pobres não são vistos pelos governos.

Enfim... Faltou o remédio, faltou à comida, faltou a Justiça, mais nunca faltou amor... E nunca vai faltar. Pois não existe nada mais pesado na terra do que carregar um filho 9 meses na barriga, e depois tê-lo que ver morrendo aos poucos. Pior ainda viver vegetando num mundo e não poder fazer nada.

O desespero foi grande. Eu voltei a ter depressão novamente. Pior que minha esposa também estava com depressão. Éramos duas pessoas doentes, ou melhor, dizendo três pessoas **por que aquele bebê sequelado pelo médico gritava a noite gemendo e toda a vizinhança não dormia de noite com ele gritando com os ataques epiléticos.** Era muito triste. Um filme de terror que durou dois anos.

A minha vida financeira custou à vida do meu filho. Espero que isso nunca aconteça com sua família, pois não têm dinheiro que traga felicidade quando você dorme com um filho gritando de dor.

Por que foi nessa calamidade que eu não tinha mais saída e nem ajuda de ninguém. Minha família esperava apenas o menino morrer. **Por falta de recursos mesmo para seu tratamento.** Logo seu tratamento custava muito caro, envolvia terapias diversas com neurologistas pediátricos, e uma infinidade de gastos.

Para quem tem a vida complicada dessa maneira o governo cria migalhas, auxílios que não pagam nem os remédios.

Parei de Apostar por um longo tempo, devido os gastos com saúde. E durante esse tempo eu analisava os padrões do jogo, e foi quando eu percebi que não precisava jogar todo dia, nem jogar muito... Apenas segurar padrões que eram apostados apenas uma vez na semana.

Se você apostar todo dia o que vai acontecer é que vai perder bastante. Explico. A semana tem 6 sorteios; Pelas probabilidades, 5 você vai perder e apenas 1 você vai ter um resultado positivo.

Não tem como você acertar todos os dias. Sabendo disso, não faz sentido que você aposte todo dia. Correto? Pois na lógica você terá mais recursos para apostar 1 vez na semana, e vai poder apostar o mínimo que são 31 jogos, onde sempre vai segurar o padrão que pretende acertar.

Claro que sempre analisando resultados passados, para ver se ele não saiu. Se aquele padrão tiver saído naquela semana, você o descarta.

Por isso que acertei os 14 pontos pela primeira vez. E as coisas até começaram a fluir no universo. Parecia que a vida estava mudando. Logo após esse evento até os processos de medicações se resolveram.

Hoje meu filho vai passear nas praias e piscinas nos melhores balneários, todo o universo me deu aquilo que não me dava antes do seu nascimento *(Épocas de Ouro de uma Infância que ainda não tava complicada)*. Contudo hoje em 2023 ele vive vegetando no quarto com uso de aparelhos.

Vencer no jogo envolve muita coisa. Infelizmente o processo dessa revelação precisa de uma mentalidade de gigante. Você é um gigante? Se for terei o maior prazer em Ajudá-lo.

Aprendi com a dor. Por que vou ensinar sem ela? Por tanto partes dessa técnica eu irei contando aos poucos.

Mais o seu segredo definitivo ainda é uma Incógnita, não depende apenas do conhecimento, mais de sorte, persistência, investimento, metas etc.

Contudo o padrão de linha é o coração do jogo. A lotofácil é fundamentada toda nesse esquema. Hoje em dia é possível até garantir resultados em duas linhas ou até mais que isso, porém teria que apostar 961 jogos para usar todas as combinações máximas das duas linhas. E para garantir 3 linhas teria que apostar 29.791 jogos. E mesmo que você garantisse 3 linhas, ainda restariam 2 linhas equivalente a 10 dezenas. Mais nesse caso só iria precisar acertar umas 3 a 5 dezenas fixas no máximo.

Em tese é como se o padrão fixo fosse ficando fácil de acertar, quando você vai garantindo as linhas. Mais ninguém vai gastar sozinho R$ 2.402,50 centavo cada jogada. Esse é o valor pago pela garantia de 2 linhas, e ainda teria 15 dezenas pela frente para jogar o padrão fixo.

Apostando a garantia de 3 linhas você pagaria o valor de R$ 74.477,50 seria o investimento. E suas chances seriam enormes. Muito melhor que apostar um jogo de 20 dezenas, por exemplo, que custa R$38.760,00. Pois a garantia de linhas você tem 100% a garantia de um resultado nas 3 linhas. E acertar o resto das dezenas fixas seria muito mais fácil que um jogo de 20 dezenas onde precisaria acertar 5 que ficam de fora.

Mesmo assim, nenhuma das duas técnicas de garantia de duas ou três linhas é viável para apostas individuais. Seriam mais interessantes para jogar em Bolões. Para criar todos esses jogos combinados com garantias de linhas seria outro desafio, pois manualmente você levaria meses para combinar linha com linha. Apesar de que até existem programas que podem fazer isso.

O fator sorte não pode ser eliminado por conta disso. Não podemos eliminar as combinações das linhas ou colunas, pois teríamos que apostar todas as combinações entre elas. A boa noticia é que num sorteio você pode utilizar filtros. E sabendo disso, diante de uma matriz com 29 mil jogos poderia reduzir bastante. Pois temos moldura, impares e pares, Fibonacce, Múltiplos de 3, etc.

Eu sinceramente não aposto matriz com reduções. Por que o fator sorte está condicionado ao acerto dos filtros no resultado. Agora você pode usar os filtros para jogar os 31 jogos de forma inteligente. E a moldura geralmente seria o melhor filtro.

O padrão fixo ele é distribuído apenas nas 4 linhas, pois você estaria usando todas as 31 combinações variáveis em uma das linhas. Então trabalhar 4 linhas com moldura é muito melhor do que com 5 linhas.

Você sabe que teria que escolher nas 4 linhas dezenas fixas que se repetem nos 31 jogos certo? Por tanto essas dezenas precisam ser escolhidas com muito cuidado, afinal de contas você estaria repetindo nos 31 jogos, e não acertar pelo menos a metade pode colocar todos os 31 jogos em prejuízo total.

É por isso que a moldura existe. Nas 5 linhas elas são 16 dezenas, pelas quais são:

- 01,02,03,04,05,06,10,11,15,16,20,21,22,23,24,25.

Porém dependendo da linha que você vai escolher a garantia, simulando que seja a primeira linha que são as dezenas 01, 02, 03, 04, 05 onde você vai usar todas as 31 combinações máximas dessa linha, só restaria 11 dezenas da moldura para utilizar como padrão fixo nas demais linhas que serão fixas.

Por tanto, em tese fica mais fácil acertar as dezenas da moldura que em média sai 9 a 10 por sorteio. Contudo, você tem que está ciente de duas coisas. Existe a Moldura Alta que são 11, 12 dezenas da moldura que sai no sorteio. E existe a Moldura Baixa, que são 7, 8 dezenas da moldura.

Então escolha ou moldura alta ou baixa. Na moldura baixa vai sair muitas dezenas do centro, que chamamos de miolo. Elas vão se concentrar na segunda, terceira e quarta linha. Portanto como você está usando todas as garantias da primeira linha que são 31 combinações. Apostando moldura baixa, você iria escolher as dezenas do miolo como fixas.

Foi assim que eu consegui acertar os 14 pontos. Por que quando sai moldura baixa, por exemplo, 7 dezenas no miolo. Você acerta fácil por que no miolo só existem 9 dezenas. Enquanto que na moldura são 16 dezenas.

Em tese é mais fácil acertar dezenas do miolo do que da moldura. Pois comparando 16 dezenas para 9 dezenas, realmente as chances são maiores num universo de poucas dezenas.

Você teria 31 combinações variáveis máximas na primeira linha, 7 dezenas fixas no miolo onde estaria trabalhando as outras 3 linhas, e com isso ficaria poucas dezenas da moldura restante para escolher como fixa.

Observar ciclos de dezenas ausentes para colocar como dezenas fixas nas outras 4 linhas é outra peça importante. Usar filtros e tantos outros facilitam o acerto das dezenas fixas do padrão fixo.

O fator sorte só estaria condicionado nas 4 linhas fixas. Por que na linha onde se usa as 31 combinações máximas ali o resultado já é garantido. Agora lembra que eu falei que você não pode ficar mudando padrão?

É porque se você escolhe moldura baixa e ela não saiu no sorteio, ela pode sair no próximo. Quanto mais tempo esse tipo de moldura está atrasado, maior é a chance de ele sair. Segurar um tipo de critério seja ele o que for sempre será a melhor opção para apostar o padrão fixo.

O próprio nome já diz FIXO, ou seja, ele não muda. Você deve segurar até que acerte todas as dezenas dele, e assim fazer os 14 ou 15 pontos. Lembre-se que você não está apostando na lotofácil para lucrar, nem para ter salário semanal.

Você está apostando como uma oportunidade de acertar 15 pontos com mais chance, e assim mudar de vida. Acertar 14 pontos na lotofácil não muda vida de ninguém. O que existe são chances boas de acertar os 15 pontos. Antes de apostar com estratégia precisa mudar essa mentalidade.

05
A minha História na Lotofácil...

Uma coisa é a minha história de vida. Ela é como um filme ou uma Série de eventos catastróficos. Pois têm vilões, criminosos, invejosos, dramas familiares, problemas no casamento, desafios, Doenças de filhos etc.

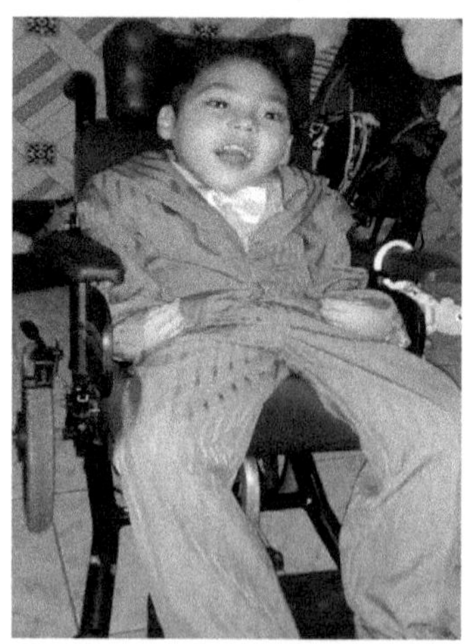

A parte misteriosa da saga criminosa é que ela tem a figura da justiça como meu inimigo mais cruel. Pois não existe justiça correta.

Porém minha história apesar de ser misteriosa, e como de fato é, pois a solução do crime médico nunca foi solucionada.

A minha história parece ser a história da lotofácil. Os criadores do jogo maliciosos lançam o enigma que muda a vida de pouquíssimas pessoas por que são muitas combinações.

Outro detalhe é que a Lotofácil não parece ser um jogo para ficar milionário. Como todos falam, vou ganhar 15 pontos e vou ficar milionário. Por que você pode muito bem rachar o prêmio com outras pessoas e acabar ganhando uns 400 a 500 mil reais.

Ela também não é um jogo fácil, pois se fosse tantas pessoas acertavam 14 pontos, parece mais fácil acertar uma quadra numa quina, do que fazer 14 pontos. Por que será?

O primeiro ponto do Enigma são as linhas ou colunas. Segundo ponto as dezenas fixas. E o terceiro ponto os filtros. As possibilidades são muitas.

Erros médicos são muito comuns. A chance de esse evento ocorrer é muito maior que acertar num jogo de loteria.

Deixar de seguir processos e etapas vai te fazer perder sempre em qualquer atividade da sua vida. Por que existem duas coisas que você precisa saber: "**Uma delas é que você nunca vai deixar de perder e se ganhar os 15 pontos será apenas uma vez. Será muito difícil repetir a mesma sorte.**"

A lotofácil é um jogo. Todo jogo possui percas. Muito embora você perca, existem duas pessoas muito comuns diferentes uma da outra.

Existem as que perdem e sabem por que perderam. Só que existem as que perdem e nunca sabem por que perderam. Essa lacuna de saber o motivo da perca pode fazer muita diferença.

Eu sempre estive no grupo das pessoas que perdiam sem saber. Mais isso mudou quando meu filho nasceu.

Um bom apostador sempre será um bom perdedor. Pois faz das percas oportunidades de continuar na busca do que se persegue. A busca do acerto do padrão fixo.

A gente perde não por que não conhece. **Perde por que não acerta toda vez.** Se fosse possível nunca falhar, você não acha que a caixa ou o banco que criou esse jogo iria à falência?

Por que quem ganha e sabe por que ganhou, não vai continuar ganhando todo dia, mesmo sabendo. Pois a sorte é um elemento presente no processo como mecanismo de erro ou acerto de padrão.

Por exemplo. O parto de minha esposa podia ser realizado particular em qualquer hospital com muitos recursos. Mais a gente não se preocupou com isso, e pagamos o preço da negligência médica.

Poderia se deslocar para um hospital de maior porte, composto por equipes treinadas, com UTI e suporte avançado, que teria cobertura para todo e qualquer procedimento.

Só que existem coisas que simplesmente acontecem. Não cabe explicação. O Erro médico já foi descoberto, mais a nossa escolha de hospital contribuiu muito para esse evento. **São nossas escolhas que pesam nos resultados em nossas vidas.**

Eu sabia que poderia ter riscos. Nós sabíamos. Afinal o que não envolve riscos nessa vida?

O hospital onde Pedro Lucas nasceu não tinha nada para oferecer para as gestantes na época dos fatos. **Por tanto o risco era evidente.**

Era como se em nossos olhos tivessem sido colocado panos para cobrir nossa visão. Tal escuridão dos olhos nos impediu de ver os riscos, eu tinha 24 anos na época e minha esposa 25 anos.

Qualquer pessoa que tenha essa idade, tendo uma boa formação, sendo uma pessoa de mente aberta, iluminada, com um bom plano de saúde pensaria duas vezes na escolha do hospital.

E por que não pensamos isso mesmo sabendo que tínhamos condições de ir para outro hospital? Por que as escamas dos nossos olhos eram nossa ignorância. **Quando você não conhece algo parece que não entende os riscos.** Hoje eu sou quase um médico, não por formação, mais pela experiência que adquiri nesse evento traumático de negligência Médica.

Entender os riscos é um dos passos muito importantes para apostar consciente. Você sempre terá muito facilidade em perder no jogo devido às inúmeras combinações de linhas e colunas que podem ocorrer no sorteio.

Se você não for capaz de estudar as estatísticas dessas combinações, ou melhor, se não conhecer nem mesmo esses padrões de linhas ou de colunas, nesse caso você terá ainda mais facilidade de perder na lotofácil.

Por que o segredo do jogo está nas combinações que são geradas nas linhas ou nas colunas, numa ciência exata de linha com linha, onde se combina coluna com linha e linha com coluna.

Conselho de quem entende do assunto:

Paciência: Um dos grandes segredos da vida e de qualquer jogo.

Se eu não aprendesse a ser paciente nunca teria ganhado na lotofácil, não ao ponto de se tornar milionário, mais conseguir solucionar muitas crises com premiações que recebia. Sem esses eventos talvez eu não tivesse suportado tantas coisas que passei na vida.

A vida ela é como um jogo. Precisa que você tenha capacidade de entender o momento certo para jogar. Não é jogar de qualquer jeito. Manter-se equilibrado, desenvolvendo o pensamento analítico.

O segredo principal sempre será a paciência. Com as melhores combinações em mãos você precisa esperar, pois as repetindo com cautela e sem muita pressa ou ansiedade, certamente dará os 14 ou 15 pontos.

A pressa é o seu fracasso. No mundo que vivemos tudo tem que acontecer do dia para noite. As pessoas estão sendo vítimas de extrema ansiedade. Contudo, não é na pressa que você vai conseguir resultados extraordinários. **Precisa estudar o esquema, entender cada detalhe dele... O Enigma da vida é esperar.** Muitos não sabem o poder dessa palavra.

Hoje me sinto um ser humano realizado, por que aprendi com um filho tetraplégico a ser alguém muito paciente. Aprendi a valorizar a vida não pela quantidade de dinheiro. Os números não representam nada. São apenas números.

O valor das coisas está justamente naquilo que você não consegue observar. Se tiver paciência você será capaz de entender qualquer coisa. Será capaz de visualizar oportunidades. Sua Riqueza nasce da sua mente. São seus pensamentos que geram sua sorte. **O resultado não está na combinação, ele está em você.** Como aposta? Por que aposta? Como persegue o acerto dessas combinações etc.

Por que deseja ganhar na loteria? Você merece ser um Milionário? **Pois nem todo milionário consegue ser Feliz.** Se você conseguiu ler essa parte desse livro, considere um sortudo.

"Antes de desejar tornar-se homem ou mulher de sorte, seja uma benção na vida dos teus semelhantes. Antes de desejar ficar milionário, aprenda a ser solidário, pois ganhar fortunas para si mesmo não o tornará melhor que ninguém. Só revelará quem você realmente é de verdade. Os sonhos quando se juntam em conjunto tornam-se mais reais, enquanto os egoístas que pensam em si mesmos o tempo todo nunca serão de fato milionários. Pois o segredo de qualquer fortuna primeiramente nasce da idéia de servir. Servir para ser Servido. Como vou te ajudar se você não sabe o sentido dessa palavra? Reflita sobre isso para sua sorte mudar."

Sua vida e história são movidas pelo tempo. Se você não for capaz de entender os processos e as etapas para evoluir no jogo, não será capaz de entender por que nunca vence na lotofácil, ou melhor, na vida. A verdade é que a natureza possui vários estágios evolutivos. O mecanismo é a energia que move as coisas. Você está sendo movido agora por essa energia.

A energia de acreditar naquilo que não pode conseguir. Mais a capacidade de sempre apostar o jogo certo, as combinações certas, lhe tornarão brevemente um milionário.

Logo a melhor técnica sempre será a paciência, muito embora você precise conhecer padrões do jogo, linhas, colunas, matrizes, figuras geométricas, possibilidades, probabilidades, e uma infinidade de conceitos teóricos que podem mudar sua maneira de apostar.

Possibilidades: É a ciência que estuda as chances. Tudo que você precisa entender é que as chances são diferentes. Elas não são as mesmas para todas as pessoas nesse mundo.

Alguns poucos seres humanos que nasceram nesse mundo, como o meu filho, se quer tiveram a chance de andar. Ao menos teve a chance de segurar sua própria cabeça para ficar sentado sozinho.

Essa negligência médica o deixou com tantas seqüelas no cérebro, que apesar de não ter morrido, se tornou uma criança com limitações muito profundas.

Certamente são poucos que ganham na loteria. Dar para contar nos dedos essas pessoas. Eu diria que muitos precisam ter sorte... Muita sorte! Porém as estratégias ajudam muito nesse processo.

Porém a sorte não é o único fator determinante para se chegar ao Objetivo dos 15 pontos, pois os 14 pontos eu considero uma faixa de premiação possível de ser alcançada com 80% de estratégia matemática e 20% de fator sorte. Enquanto que os 15 pontos já é o contrário, são exatamente 20% de estratégia e 80% de sorte, pois existe uma lacuna, uma diferença enorme de 14 para 15 pontos. Para você ver como uma única dezena faz diferença no jogo.

Então as possibilidades não são as mesmas justamente por que vai depender do padrão que você está usando. Têm linhas que sai mais dezenas do que outras, colunas que geralmente não vem dezenas, muitas delas ficam até 5 dezenas sem sortear. Chamamos de COLUNA ZERADA.

Têm combinações que aumentam muito a chance de acertar 14 pontos, enquanto outras não. Isso vai depender da combinação que está sendo sorteada, ou da maneira como você monta o jogo com elas.

Perceba que as possibilidades são muitas. Sua vitória não depende apenas de um caminho. Mais entender a diferença entre os padrões combinatórios isso é peça chave para um dia alcançar o sonho dos 15 pontos.

A lotofácil tem algum Código Secreto?

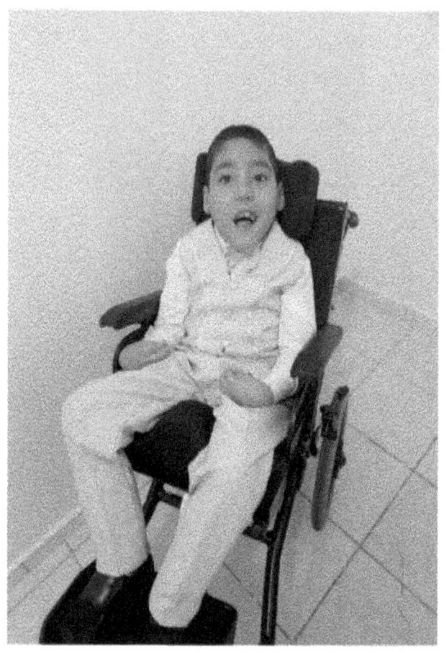

Não existe código secreto nenhum. Existem Fórmulas Combinatórias. Só que essas fórmulas não são mágicas. Não é como uma receita de bolo para garantir pontuação.

Essas Fórmulas servem para organizar as Apostas. Com elas você pode saber que tipo de padrão de 4 linhas sai mais nos sorteios.

Existe um programa que você pode acompanhar as estatísticas desses padrões de linha. Inclusive eu ensino a usar essa ferramenta no **curso Lotofácil Sem Coluna**, onde você pode está se aprofundando nesse conteúdo. **Para ser aluno do curso entre em contato comigo pelos canais de atendimento na ultima página do livro.**

Por tanto se você acha que não precisa estudar a Lotofácil ou jogos de loteria, por que considera isso uma bobagem. Você está perdendo a chances consideradas de acertos.

O que são Linhas? O que São Colunas? O que são Padrões? Por que eles existem? Como se organizam? Por que garantem resultados?

O que são combinações? Por que elas podem ser diferentes umas das outras? Como podem se combinar? Pois existem combinações numéricas, mais existem combinações geométricas. Todos esses conhecimentos fazem toda diferença para quem aposta num jogo de combinações.

As figuras geradas na cartela são chamadas de **PADRÕES GEOMÉTRICOS.** Olhe atentamente as figuras que irei compartilhar com você abaixo:

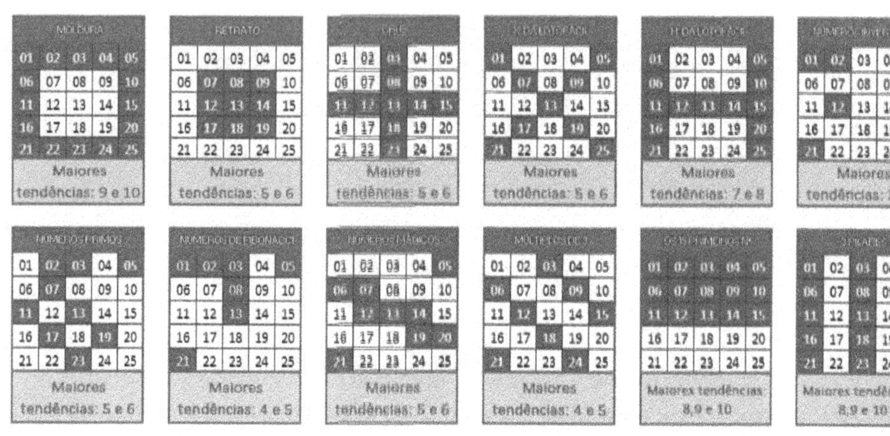

Cruz, Moldura, Miolo ou retrato, O H da lotofácil, o Enigma das colunas, a seqüência de números mágicos etc. Isso é apenas um dos poucos exemplos sobre padrões Combinatórios diversos.

Cada figura pode gerar um fechamento. Por exemplo, no **curso Lotofácil Sem Coluna no módulo de fechamento com molduras**, eu ensino vários esquemas com esse padrão geométrico.

Se você observar o desenho da Cruz Por exemplo, vai perceber que é composto pela Linha na Horizontal composto pelas dezenas 11,12,13,14,15 e pela Coluna na Vertical 03,04,11,18,23. Basicamente esse fechamento da cruz é uma combinação de Linha 31 jogos versos Combinação de Coluna mais 31 combinações.

Então como você pode perceber os Filtros ou Padrões Geométricos são basicamente maneiras de organizar apostas, igual às fórmulas combinatórias ensinadas em outros livros publicados por mim, como o livro *"Apostas Milionárias"* lançado no ano de 2014.

TABELA DE COMBINATÓRIAS MÁXIMAS POR LINHA NAS 5 COLUNAS

01	06	11	16	21	
02	07	12	17	22	
03	08	13	18	23	Padrão 1
04	09	14	19	24	
05	10	15	20	25	
01,02	06,07	11,12	16,17	21,22	
01,03	06,08	11,13	16,18	21,23	
01,04	06,09	11,14	16,19	21,24	
01,05	06,10	11,15	16,20	21,25	
02,03	07,08	12,13	17,18	22,23	
02,04	07,09	12,14	17,19	22,24	Padrão 2
02,05	07,10	12,15	17,20	22,25	
03,04	08,09	13,14	18,19	23,24	
03,05	08,10	13,15	18,20	23,25	
04,05	09,10	14,15	19,20	24,25	
01,02,03	06,07,08	11,12,13	16,17,18	21,22,23	
01,02,04	06,07,09	11,12,14	16,17,19	21,22,24	
01,02,05	06,07,10	11,12,15	16,17,20	21,22,25	
01,03,04	06,08,09	11,13,14	16,18,19	21,23,24	
01,03,05	06,08,10	11,13,15	16,18,20	21,23,25	
01,04,05	06,09,10	11,14,15	16,19,20	21,24,25	Padrão 3
02,03,04	07,08,09	12,13,14	17,18,19	22,23,24	
02,03,05	07,08,10	12,13,15	17,18,20	22,23,25	
02,04,05	07,09,10	12,14,15	17,19,20	22,24,25	
03,04,05	08,09,10	13,14,15	18,19,20	23,24,25	
01,02,03,04	06,07,08,09	11,12,13,14	16,17,18,19	21,22,23,24	
01,02,03,05	06,07,08,10	11,12,13,15	16,17,18,20	21,22,23,25	
01,02,04,05	06,07,09,10	11,12,14,15	16,17,19,20	21,22,24,25	Padrão 4
01,03,04,05	06,08,09,10	11,13,14,15	16,18,19,20	21,23,24,25	
02,03,04,05	07,08,09,10	12,13,14,15	17,18,19,20	22,23,24,25	
01,02,03,04,05	06,07,08,09,10	11,12,13,14,15	16,17,18,19,20	21,22,23,24,25	Padrão 5

Compare a tabela de Padrões Geométricos com essa tabela. Você vai ver que as figuras vão se encaixar dentro de qualquer parte dessa tabela. Essa é a tabela de Padrões Combinatórios de Linhas. Nela você vai encontrar todas as combinações da Lotofácil divididas em cada linha. Cada linha é composta por 31 combinações.

As formulas combinatórias são as quantidades de dezenas que sai em cada linha dessas. Como são 5 linhas você consegue saber o número que saiu em cada linha de dezenas.

O padrão de 5 linhas 3x3x3x3x3, significa que saiu três dezenas em cada linha. Se você observar a tabela vai perceber que existem tipos de combinações em cada linha.

Na cor laranja padrão de combinação de uma dezena isolada na linha. Esse tipo de padrão ele costuma sair menos. Já o Padrão 5 que chamamos de Padrão de Linha Cheia, ele sai com menos freqüência.

Logo os padrões que mais saem na Lotofácil são 2,3,4 basicamente equivale a duas dezenas, três e quatro na linha. Nessa tabela podemos ver que totaliza 25 combinações.

Sendo assim o ideal é que você aposte com esses padrões e de preferência escolhendo aqueles que estão atrasados algumas semanas ou meses.

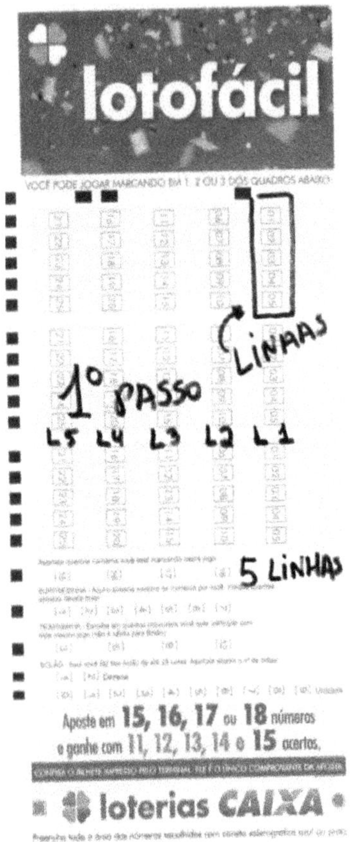
lotofácil
LINHAS
1º PASSO
L5 L4 L3 L2 L1
5 LINHAS
Aposte em 15, 16, 17 ou 18 números
e ganhe com 11, 12, 13, 14 e 15 acertos.
loterias CAIXA

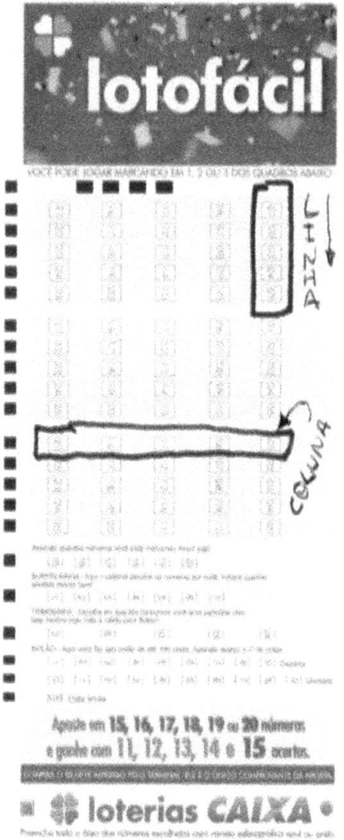
lotofácil
COLUNA
Aposte em 15, 16, 17, 18, 19 ou 20 números
e ganhe com 11, 12, 13, 14 e 15 acertos.
loterias CAIXA

06

Como criei esse Sistema?

A teoria desse sistema parece coisa de louco. Mais no fim das contas ela faz todo sentido.

Isso é como a teoria da relatividade do universo. São tantos cálculos complicados que tentam explicar o peso das massas, a energia das coisas, enfim... Pra entender é preciso estudar o **A+B+C**, e por tanto, você tem que aprender no ensino médio conceitos de Física básica, Análise combinatória, Estatística, etc.

As regras existem para todas as coisas. Todo o universo funciona com execuções de processos. Por tanto as etapas e funções são muito complexas, porém fundamentais para a existência das coisas. Com os resultados é da mesma maneira.

Você vai alcançar resultado X, dentro dos critérios Y. Na matemática toda e qualquer resolução de problemas, se resume a isso. Se X é igual X, então Y será igual Y, correto? Depende do valor de X ou do Valor de Y.

A loteria é um campo aleatório de eventos **IMPREVISÍVEIS**. Não adianta tentar descobrir com absoluta certeza o resultado que vai acontecer. Não existe fórmula para isso. Tudo que tentamos é usar **tendências a nosso favor.** Pois padrões se repetem e a explicação para isso não existe.

O único ingrediente secreto do sistema é que ele depende de vários critérios como falei, mais que o principal deles eu não obedecia, **que era a persistência o centro nervoso do jogo. Persistência com os mesmos números, não só persistir... Mais repetir entende?**

Uma das coisas muito importantes num jogo é não mudar a regra. Você tem que seguir uma meta. Por isso que eu criei esse sistema, pois jogar com padrão é seguir metas de acertos que podem ser alcançadas caso você segure os padrões repetindo eles.

Você não deve jamais, mudar sua estratégia. Apenas deve analisar se ela realmente funciona, e foi o que eu fiz, testando anos após anos.

Resumindo. O sistema tem regras. As regras precisam ser contempladas. Não existe certeza 100% de acerto a prova de falha em jogos de loteria. O que existem são critérios que aumentam a chance.

Agora o critério que estudei precisa ser contemplado, ou seja, **se o padrão não sair no sorteio você não tem um resultado positivo.**

Têm gente dizendo que vai lucrar na loteria. Não acreditem nesses mentirosos. Se você acertar determinados critérios, você terá lucros, e também vai acertar os 14 ou 15 pontos. Mais o problema é que não vai conseguir isso todo dia. Se fosse um sistema de lucros não seria um jogo.

Critérios da sorte não é um campo de ciência exata. São aleatórios. Dependem de valor X para gerar o valor de Y.

O sistema ele surgiu de uma lógica simples. Não existem jogos bons ou Ruins. Existem padrões que você precisa acertar. Só isso.

Outra coisa muito importante é que os padrões dizem exatamente o número de jogos que precisa ser feito para ter garantias.

Apostar um único jogo é difícil acertar alguma coisa. Depende do padrão perseguido. Se fosse o de linha cheia, por exemplo, onde você acerta 5 dezenas de uma só vez, uma aposta já faria muito diferença. Mais caso saia no sorteio um padrão de poucas dezenas na linha como 2 ou 1 você precisaria de muitos jogos para ter mais chance.

A verdade é que quanto mais dezenas saem numa linha menor é a necessidade de combinações ou vários jogos. Quanto menos dezenas saem na linha, maior é a quantidade de apostas a ser feita naquele padrão para poder garantir resultados.

Então tudo vai depender do tipo de padrão que sai no sorteio e da meta que você quer alcançar. Apostando com padrão de linha cheia **(01, 02, 03, 04,05)** você pode acertar mais fácil os 14 pontos, porém existe uma desvantagem, ele sai com menos freqüência nos sorteios. Em tese esse padrão é complicado de sair. Mais é uma possibilidade boa.

07

Padrões Combinatórios os grupos de combinações que selecionam ganhadores

Sobre os Critérios dos Jogos da Lotofácil, e por que eles são a chave milionária projetada para poucos.

A lotofácil é um jogo de padrão de linha onde as combinações elas precisam se encaixar nesse padrão. Contudo, não somente se encaixar, você precisa acertar as dezenas que falham... Aquelas que ficam de fora.

O Grande problema das dezenas excluídas é que elas são muito difíceis de acertar. É mais fácil acertar as que vão sair, do que as que vão falhar.

Quando o globo gira com as 25 dezenas, vão sair quinze dezenas, e entre elas dez ficam de fora, ou seja, 10 Excluidas. A sua sorte não está nas 15 dezenas que vão sair, mais nas que ficam de fora.

Um conselho ou Dica seria analisar as dezenas que vão falhar. Mais é muito difícil acertar essas dezenas. Por mais que você use estudo de repetição, a verdade é que é muito difícil acertar essas falhas por que são imprevisíveis.

De fato o sistema foi projetado para você perder dinheiro. Essa engenharia passa longe de ser um investimento, tão pouco é um mercado de lucro. Sendo assim o objetivo de estudar esquemas nada mais é do que uma tentativa de melhorar as chances de acerto. E minha missão como Analista de número em sorteios, é observar possibilidades que podem ser usadas para MELHORAR a pouquíssima chance que o apostador possui.

A, B, C da Lotofácil e a idéia milionária dos criadores do Jogo

A regra de acerto do jogo em termos de probabilidade sempre será o número de combinações. Então qualquer jogo quando ele é projetado por matemáticos, sempre haverá o estudo das combinações máximas.

As combinações máximas em uma linha ou Coluna da lotofácil é de 1 para 31. Perceba que 5 dezenas quebradas em combinações podem gerar 31 combinações diferentes. Então se apenas uma linha pode gerar tudo isso, imagina as cinco linhas 5x5x5x5x5 estima-se algo em torno de 3 milhões de combinações possíveis.

Só que as probabilidades elas só fazem sentido quando existem **variações de combinações**. Em tese, são os diferentes tipos de padrões de linha ou coluna que geram muitas combinações.

A idéia de dificuldade no jogo está nas inúmeras possibilidades de sair qualquer tipo de resultado. Daqueles que você nem imagina que pode sair. Justamente por conta disso é que não tem como algum sistema dar lucros ou você viver de loteria. Por que se isso fosse verdade como você acertaria todas essas combinações toda vez que apostasse?

Os Padrões só Podem ser acertados pelo Fator Sorte.

Se você acha que vai encontrar um sistema que não precise depender da sorte para acertar em jogos de loteria, você está sendo muito ingênuo.

Esse jogo foi arquitetado para ser jogado em grupos e fechamentos matemáticos. Você precisa concentrar todas as apostas num único tipo de padrão. O grande problema é que para acertar esse padrão precisa ter sorte.

Não existem técnicas ou esquemas para eliminar a sorte. Então por que estudar esquemas se o fator sorte não pode ser eliminado? Por que concentrando suas apostas num único tipo de Padrão combinatório, se você acertar o padrão no sorteio você tem os 14 pontos muito fácil.

Outra vantagem de concentrar todas suas apostas num único tipo de padrão é que as probabilidades de acertar o padrão sempre serão maiores.

Até mesmo usando uma planilha ou Fechamento, existem critérios lógicos nesse programa que precisam ser acertados pelo fator sorte para que você possa ter o resultado esperado. As garantias dependem desse acerto.

Usando uma planilha de 20 dezenas, você estará trabalhando cinco dezenas que vão falhar no sorteio, numa quantidade X de apostas, para garantir 14 ou 15 pontos.

Nesse critério você tem que usar a quantidade exata de apostas para garantir o acerto. Por exemplo, existem fechamentos de 20 dezenas onde geram 365 apostas, tão somente se você acertar as 5 falhas é que garante os 14 pontos. Apesar de existirem planilhas com filtros para reduzir o número de apostas, nesse caso além de você precisar acertar as 5 dezenas que vão falhar, precisa acertar o filtro utilizado.

Um exemplo. Supomos que você use uma planilha de 20 dezenas. Precisa acertar as 5 dezenas que vão falhar, que é a mesma coisa que 15 pontos dentro de 20 dezenas.Porém para reduzir o número de apostas você usa o filtro de moldura. Aplicando a moldura 12, por exemplo, iria diminuir de 365 jogos para bem menos. Contudo teria que acertar 2 critérios pelo fator sorte.

O primeiro seria acertar as 5 dezenas que vão falhar no sorteio. O segundo critério seria acertar a moldura 12. Isso significa que saindo moldura diferente o critério que garante o acerto dos 14 pontos naquele universo não iria acontecer. Logo o critério não foi acertado pelo fator sorte.

As combinações e os Padrões de Linha são massacrantes. Ou você acerta para ganhar, ou você erra para perder. Simples sem meias palavras. Jogo é sorte em qualquer tipo de esquema que você analisar ou estudar.

Apostou o padrão 4 e acertou ele suas chances de premiação é quase certa, de 11, 12 e 13 pontos dependendo do número de jogos feitos com padrão. Acertou o padrão 4 e as dezenas fixas dentro desse padrão, você faz 14 pontos com altas chances de pegar os 15 pontos. Então é um campo onde a sorte não pode ser Eliminada. Acertou o padrão ganhou. Errou o padrão perdeu. Não existem milagres que elimine sorte em jogos de azar.

Perceba a diferença enorme em descobrir esses padrões e começar a arquitetar suas apostas, dentro desses padrões, torcendo para que eles sejam sorteados.

Eu te Garanto que não é a mesma probabilidade de apostar dezenas. Mesmo sendo chato precisar da sorte para acertar padrões, jogo envolve riscos. Aposta quem entende que pode perder e não fazer falta aquele dinheiro.

Por que devo apostar apenas um padrão se preciso ter sorte para acertar ele? Por que se você for usar vários tipos de padrões diferentes pode até premiar mais fácil 11, 12 pontos, só que fica muito difícil acertar os 14 pontos.

Depende do seu objetivo. Se for fazer 11, 12 e algumas vezes 13 pontos, você monta grupos de jogos com diferentes tipos de padrões e combinações que dar certo. Agora se o objetivo for acertar 14 pontos vai ter que se arriscar.

Só existe esse caminho. Escolher APENAS UM TIPO DE PADRÃO, fazer pelo menos 10 jogos com esse padrão e, além disso, repetir ele para sempre. Nada de ficar mudando padrão por que não conseguiu acertar ele por falta de sorte. Uma hora a sorte chega e você o acerta, e nada é mais gratificante do que acertar 14 ou 15 pontos.

Mesmo que demore acertar essas duas faixas difíceis da lotofácil. Você só precisa acertar 15 pontos uma única vez. Sendo assim, vale à pena correr riscos em prol do prêmio milionário, e não dos prêmios de consolação.

Como descobri esses padrões?

Eu descobri as combinatórias raciocinando sobre as dezenas que saiam nas linhas. E a maneira como saiam às seqüências dentro de cada tipo de padrão.

Na verdade nem considero isso uma descoberta. Por que se você observar essas combinações elas realmente existem dentro de cada linha. São 31 existentes, por tanto não há como mudar nenhuma delas.

Saber que existem essas combinações não significa que você vai ficar milionário. Apesar de que conhecendo elas, você já está apostando de forma organizada.

O objetivo desse método não é a técnica nem o esquema. O segredo nem é conhecer essas 31 combinações. Quando eu descobri isso eu fiquei muito eufórico, animado, pensei que havia encontrado uma fórmula poderosa que me daria sempre acertos no jogo.

Depois eu vi que não era aquilo que eu imaginava. Conhecer os padrões não era garantias de acerto, mais apenas uma forma inteligente de apostar.

Então apostar inteligente e organizado é o que pretendo ensinar a você. Não é te dar resultados. Nem dizer o caminho para acertar fácil, rápido, e viver da lotofácil. Muitos procuram isso e criam essas ilusões na cabeça por que não conhecem o mínimo sobre as combinações do jogo.

Quando você conhece as 31 possibilidades na linha, Você percebe que esse sistema de jogo não tem como ser lucrativo. Tem como você ter chances melhores. **Não se elimina riscos em jogos de azar.** Podemos até aumentar a chance de acerto, agora evitar percas num jogo de combinações isso não existe.

Porém apesar de não eliminar o risco, e não ter a certeza de acerto do padrão, a melhor maneira de alcançar os 15 pontos é focando apenas num único tipo de combinação e aguardar que acerte. Se você vai acertar logo ou vai demorar isso vai depender muito da sua sorte.

Parece brincadeira como um jogo dessa natureza é legalizado aqui no Brasil. Não discordo que seja ético e moral, no entanto a única corrupção que vejo é nos preços das apostas, e também, no valor pago como premiação.

Principalmente premiações de 14 pontos, que não é algo fabuloso diante da dificuldade de se acertar. A loteria torna-se mais difícil por conta do preço das apostas. Entende? Assim, com dois reais, fica mais complicado, pessoas humildes montar grupos de estratégia combinatória.

Uma pessoa humilde que aposta sozinha teria que ter uma sorte absurda para acertar 14 pontos com poucos joguinhos. Mesmo se entendesse de padrões combinatórios, e jogasse uns 3 a 5 jogos todos os dias, só com um padrão apenas, mesmo assim, seria complicado acertar 14 pontos pelo número de apostas realizadas.

A equação do acerto é a seguinte: *"Jogar um único tipo de padrão, sendo que o mínimo são 10 jogos, e o recomendado 25 jogos em média por jogada, além de repetir esse grupo de apostas por tempo indeterminado."*

Por isso que é melhor apostar uma única vez na semana, ou a cada 15 dias, com os mesmos padrões e no mínimo 25 jogos, do que ficar apostando 2 ou 3 jogos todos os dias.

O ideal é que você aposte de forma persistente, porém escolha sempre padrões 2, 3, 4 esses aqui em baixo:

A4,B3,C3,D3,E2
A3,B4,C3,D3,E2
A3,B3,C4,D3,E2
A3,B3,C3,D4,E2
A3,B3,C3,D2,E4
A3,B3,C2,D3,E4
A3,B2,C3,D3,E4
A2,B3,C3,D3,E4

Só explicando um pouco sobre as letras. Letra A significa Linha 01 composta pelas dezenas 01, 02, 03, 04,05.

Letra B corresponde à segunda linha composta pelas dezenas 06, 07, 08, 09,10 e assim sucessivamente.

Em tese todas as linhas possuem mais chance de sair somente 4, 2 ou 3 dezenas. É muito complicado sair 1 dezena isolada na linha, ou até mesmo padrão de linha cheia que é aquele com 5 dezenas. Evite jogar dessa maneira. Contudo, caso saia e você tenham apostado, certamente pode ter altas chances de pegar bons prêmios.

Só recapitulando o conceito, tomamos como exemplo a fórmula das cinco linhas seguinte: **A4, B3, C3, D3, E2.**

Aqui significa Primeira linha quatro dezenas, segunda linha três dezenas, terceira linha três dezenas, Quarta linha três dezenas, e quinta linha duas dezenas.

Agora caso você queira jogar todo potencial desse padrão com dezenas variáveis, você teria na primeira linha 5 jogos usando todas as 5 combinações máximas do padrão <u>tipo quatro</u> que seriam:

- ✓ 01,02,03,04
- ✓ 01,02,03,05
- ✓ 01,02,04,05
- ✓ 01,03,04,05
- ✓ 02,03,04,05

Vá à tabela de padrões combinatórios e você vai perceber que o padrão 3 ou 2 tem 10 combinações diferentes.

Por tanto em tese uma fórmula dessas de cinco linhas básica teria a capacidade de gerar 10 jogos para em cada linha usar 100% todas as combinações de cada linha.

E mesmo que acertasse o padrão completo das cinco linhas, como você não está usando dezenas fixas no padrão, a garantia seriam para 11, 12 e até 13 pontos com 10 jogos.

Contudo, se acertasse o padrão das cinco linhas, com as dezenas fixas em 10 jogos teria grandes chances de fazer 14 pontos. Vamos a um exemplo primeiro com as combinações variáveis da fórmula, segundo com as dezenas fixas da fórmula.

A4, B3, C3, D3, E2.

- ✓ 01,02,03,04,06,07,08,11,12,13,16,17,18,21,22
- ✓ 01,02,03,05,06,07,09,11,12,14,16,17,19,21,23
- ✓ 01,02,04,05,06,07,10,11,12,15,16,17,20,21,24
- ✓ 01,03,04,05,06,08,09,11,13,14,16,18,20,21,25
- ✓ 02,03,04,05,06,08,10,11,13,15,16,19,20,22,23
- ✓ 01,02,03,04,06,09,10,11,14,15,17,18,19,22,24
- ✓ 01,02,03,05,07,08,09,12,13,14,17,18,20,22,25
- ✓ 01,02,04,05,07,08,10,12,13,15,17,19,20,23,24
- ✓ 01,03,04,05,07,09,10,12,14,15,16,18,19,23,25
- ✓ 02,03,04,05,08,09,10,13,14,15,18,19,20,24,25

Nos dez jogos acima são todas as possibilidades desse padrão em cada linha usando todas as combinações variáveis. Acertando esse padrão no sorteio com certeza você teria chance de acertar até 13 pontos com 10 jogos.

Agora para acertar os 14 pontos além de acertar o padrão das cinco linhas da fórmula, você teria que acertar todas as combinações das cinco linhas de uma maneira que se combinassem tal como saia no sorteio.

Por que se você perceber o padrão 4 da primeira linha ele pode gerar 5 possibilidades, lembra?

- ✓ 01,02,03,04
- ✓ 01,02,03,05
- ✓ 01,02,04,05
- ✓ 01,03,04,05
- ✓ 02,03,04,05

Vamos imaginar que você escolha a seguinte combinação para fixar nos 10 jogos: 01,02,03,04. Então os mesmos 10 jogos com a mesma fórmula ficaria assim:

- ✓ **01,02,03,04**,06,07,08,11,12,13,16,17,18,21,22
- ✓ **01,02,03,04**,06,07,09,11,12,14,16,17,19,21,23
- ✓ **01,02,03,04**,06,07,10,11,12,15,16,17,20,21,24
- ✓ **01,02,03,04**,06,08,09,11,13,14,16,18,20,21,25
- ✓ **01,02,03,04**,06,08,10,11,13,15,16,19,20,22,23
- ✓ **01,02,03,04**,06,09,10,11,14,15,17,18,19,22,24
- ✓ **01,02,03,04**,07,08,09,12,13,14,17,18,20,22,25
- ✓ **01,02,03,04**,07,08,10,12,13,15,17,19,20,23,24
- ✓ **01,02,03,04**,07,09,10,12,14,15,16,18,19,23,25
- ✓ **01,02,03,04**,08,09,10,13,14,15,18,19,20,24,25

Agora na primeira linha eu teria o padrão 4, porém eu escolhi apenas uma combinação e repeti ela nos 10 jogos. Essa combinação escolhida foi a 01, 02, 03, 04 eu a chamo de **PADRÃO FIXO**.

Perceba que agora o nível de dificuldade de acerto aumenta ainda mais. Por que o fator sorte precisa ser o seguinte:

- Acertar o padrão das cinco linhas
- Acertar o padrão Fixo ou as 4 dezenas fixas.

No primeiro critério eu acertando o padrão das cinco linhas eu garanto até 13 pontos. Isso por que o nível de dificuldade de acerto ele é menor. Em tese é bem mais fácil acertar o padrão combinatório das cinco linhas do que acertar dezenas fixas.

Mais perceba que para acertar 14 pontos é preciso aumentar o nível de dificuldade de acerto. Com isso percebemos que o fator determinante para faixas de premiações de 13, 14 e 15 pontos, sempre será as dezenas fixas.

Com as 4 dezenas fixas da primeira linha, e o acerto da fórmula completa das cinco linhas eu não sei se pegaria 100% os 14 pontos, mais essa chance seria de uns 90% eu diria dependendo do tipo de combinação que saísse no padrão das cinco linhas.

Por que além de acertar o padrão das cinco linhas, precisa ter certo número de dezenas fixas para poder garantir o acerto pela matemática. Então digamos que o padrão fixo de uma única linha ele depende da quantidade de dezenas da linha. No exemplo acima, foi padrão 4 ou seja, são 4 pontos garantido em todos os 10 jogos.

Mais 4 pontos repetido em 10 jogos com muitas combinações possíveis dentro de uma fórmula de cinco linhas não é uma garantia 100% de 14 pontos. Pode acontecer, mais não seria ainda uma garantia absoluta. Por que 4 pontos para 15 pontos é uma distância um pouco considerada.

Então mesmo com nível de dificuldade já complicado, por vezes se tratando de garantia de 14 pontos com poucas apostas, teria que aumentar o número de dezenas fixas desse padrão.

Supondo que você fixasse padrão fixo em 2 linhas como por exemplo a primeira e a segunda linha. Sendo a combinação agora seguinte: **01,02,03,04,07,08,09** você teria 7 fixas. O que significa que acertando as 7 fixas teria 7 pontos garantido em todas as 10 apostas.

Na lógica do sistema agora o nível de dificuldade seria muito maior, por que acertar 4 fixas é mais fácil que acertar 7 fixas. Porém quanto maior for o nível de dificuldade de acerto, maior é a chance de pegar até mesmo os 15 pontos.

Consegue agora perceber o filtro da sorte? Isso eu descobri como uma espécie de **FUNILAMENTO.** Esse filtro da sorte ele vai encurtando o número de bilhetes premiados.

Quando você pega um resultado no site da Caixa econômica você vai ver 1 milhão de bilhetes premiados com 11 pontos, uns 200 mil premiados com 12 pontos, alguns mil premiados com 13 pontos, e uns 300 a 500 premiados com 14 pontos, e apenas 1 a 10 premiados com 15 pontos em média.

Esse filtro da sorte é por causa do padrão das cinco linhas acertado, e do número de dezenas acertado dentro desse padrão de cinco linhas.

Traduzindo numa linguagem mais simples. A lotofácil tem cerca de 150 a 200 padrões de cinco linhas existentes. Logo a chance de acertar o padrão de 5 linhas ela é de 1 para 200. Em termos de probabilidade não é difícil acertar o padrão de cinco linhas, principalmente se você repetir ele por muito tempo, e não somente repetir, mais jogar os melhores, esses que acabei de lhe mostrar que saem bastante nos sorteios.

Porém suas chances de 14 pontos segurando um padrão de cinco linhas não é de 1 para 200. Por que você precisa acertar dezenas fixas dentro desse padrão. Por tanto, para garantir até 13 pontos eu diria que apostando com padrões de cinco linhas suas chances pode até ser melhor do que aleatoriamente.

Segundo a caixa econômica as chances de acertar 13 pontos são de 1 para 691 jogos. Por tanto, com essa maneira de apostar segurando padrão de cinco linhas às chances são maiores entre 1 para 150 em média.

Para acertar 4 fixas dentro desse padrão de cinco linhas a probabilidade ela é 1 para 150 multiplicado para 1 para 5 visto que existem apenas 5 combinações com padrão 4 na linha por exemplo. As chances elas continuam as mesmas praticamente. Isso significa que para acertar o padrão de cinco linhas e quatro dezenas fixas estimo que a probabilidade seja de 1 para 300 em média.

Usando 7 dezenas fixas que corresponde a 50% do caminho para os 14 pontos a probabilidade pode ser mais difícil. Não existe um calculo exato, mais acredito que seja a mesma coisa que apostando um jogo aleatório e acertasse 13 pontos de 1 para 691.

Com 7 fixas em 10 jogos acertando esses dois critérios eu diria que a chance de pegar 14 pontos seria de 99% ou seja, praticamente certeza que pegaria os 14 pontos. Só se a combinação que saísse no sorteio fosse muito estranha, ao ponto de 10 jogos não ser suficiente. É por esse motivo que eu indico apostar 25 jogos em média uma vez na semana escolhendo um desses padrões de cinco linhas apresentado acima.

Se quiser apostar somente 10 jogos você tem que aumentar o número de dezenas fixas. Em vez de 7 teria que fixar 3 linhas pelo menos, o que nessa fórmula acima daria em média 9 a 10 fixas. Muito mais difícil de acertar.

Porém com 9 a 10 pontos repetindo em 10 jogos acertando o padrão de cinco linhas as chances de 14 pontos teria garantia de 100%. Pois só restariam 2 linhas para variar combinações o que ficaria muito fácil de acertar.

Perceba que quanto menos jogos fizer com a fórmula de 5 linhas, maior será a necessidade de usar dezenas fixas. Quanto mais jogo fizer com a fórmula de cinco linhas menor a necessidade de usar dezenas fixas.

Padrão fixo ou dezenas fixas são filtros que reduzem muito o número de combinações. Só existe uma maneira de você quebrar combinações, que é usando dezenas fixas.

Acontece que usar dezenas fixas sem um sistema de padrão de linha por vezes fica difícil de acertar. Existem fechamentos que usam dezenas fixas em algumas planilhas, contudo com poucas dezenas fixas geram muitos jogos.

É o caso de uma planilha que já testei com critério de 5 fixas gerando 126 jogos. Contudo, ainda tinha que acertar 4 grupos de 2 dezenas como segundo critério.

Todos os sistemas que utilizam poucas dezenas fixas geram muitos jogos. Somente com 10 dezenas fixas é que começa a diminuir o número de jogos.

Porém quando você usa as dezenas fixas num padrão de cinco linhas, e acertando o mesmo, ainda que não acerte as dezenas fixas você pelo menos garante os 13 pontos.

10

Existe uma maneira correta de Usar o Padrão?

Os padrões da Lotofácil são bem simples de entender. O problema é saber usá-los da maneira correta. Na lógica esses padrões são bem poucos, e não chega a milhões de combinações, como dizem os engenheiros da Lotofácil. Como falei anteriormente são em média 150 a 200 padrões combinatórios de cinco linhas.

O problema é que cada padrão desses pode gerar mais de 5 mil combinações possíveis.Só que muitas dessas combinações elas são muito difíceis de sair num sorteio. Por que geralmente saem sempre combinações parecidas com sorteios anteriores.

O filtro de dezenas fixas é a única forma de reduzir o número de combinações dentro de cada padrão de cinco linhas. Mesmo sendo difícil de acertar não existe maneira mais inteligente de chegar aos 15 pontos do que essa.

Se você dividir o volante em cinco partes, terá mais ou menos o calculo abaixo:

5+5+5+5+5= 25

Essa foi minha primeira análise que me levou a descobrir esse universo de possibilidades.

Qualquer resultado segue essa ordem, por que são apenas 15 dezenas escolhidas entre as 25.
Assim, por exemplo, no padrão abaixo:

3+3+3+3+3= 15

O padrão de cinco linhas é como se fosse o cálculo em soma da quantidade de dezenas que sai em cada linha. Essa soma sempre dará o resultado de 15 dezenas.

Porém manipular números fica bastante complicado, e para facilitar a interpretação das combinações eu dividi a cartela da Lotofácil em Cinco grupos, e classifiquei por letras:

- **Grupo A:** Cinco dezenas = Linha 1
- **Grupo B:** Cinco dezenas = Linha 2
- **Grupo C:** Cinco dezenas = Linha 3
- **Grupo D:** Cinco dezenas = Linha 4
- **Grupo E:** Cinco dezenas = Linha 5

Foi assim que comecei a entender as combinações, pois dividindo a cartela em cinco partes, fica melhor de interpretar cada padrão de quantidade e suas combinações.

Sendo assim, a primeira coisa que você deve fazer, é pegar uma cartela da Lotofácil e olhar cada linha observando nos resultados os padrões que saem em cada linha dessas. É por isso que eu uso o programa LOTERIA SOFT, uma ferramenta que trás esses padrões, pois facilita muito o tempo da análise. Esse site é o site onde você pode está adquirindo essa ferramenta.

- https://edzz.la/AFUBW?a=304485

Observando a quantidade de dezenas que sai em cada linha você consegue identificar os padrões. Com as letras fica mais fácil o entendimento. Por tanto, as letras é apenas uma maneira inteligente de entender ou memorizar esses padrões.

- **Grupo A:** Sorteado três dezenas
- **Grupo B:** Sorteado três dezenas
- **Grupo C:** Sorteado três dezenas
- **Grupo D:** Sorteado três dezenas
- **Grupo E:** Sorteado três dezenas

Por isso que o padrão 2,3,4 é o que mais é sorteado.Por que analisando os resultados a gente percebe isso.

Abaixo o Exemplo das cinco dezenas em cada grupo que representa cada linha:

- **Grupo A:** 01, 02, 03, 04, 05, Primeira Linha
- **Grupo B:** 06, 07, 08, 09, 10, Segunda Linha
- **Grupo C:** 11, 12, 13, 14, 15, Terceira Linha
- **Grupo D:** 16, 17, 18, 19, 20, Quarta Linha
- **Grupo E:** 21, 22, 23, 24, 25, Quinta Linha

Agora para explicar melhor a quantidade de combinações que existe vou fazer aqui uma simulação de um resultado, levando em consideração a mesma fórmula de três dezenas em cada grupo.

01 02 03 /08 09 10 /11 14 15 /16 18 20/ 21 22 24

- **Grupo A:** Três dezenas, **01, 02, 03** = Linha 1
- **Grupo B:** Três dezenas, 08, 09, 10 = Linha 2
- **Grupo C:** Três dezenas, 11, 14, 15 = Linha 3
- **Grupo D:** Três dezenas, 16, 18, 20 = Linha 4
- **Grupo E:** Três dezenas, 21, 22, 24 = Linha 5

Perceba que no grupo A, foram sorteado três dezenas, e elas foram a 01, 02, 03. Essas 3 dezenas é apenas uma entre as 10 existentes do padrão combinatório de três dezenas. Conforme vemos abaixo **PADRÃO TIPO 3 DA PRIMEIRA LINHA:**

- 01,02,03
- 01,02,04
- 01,02,05
- 01,03,04
- 01,03,05
- 01,04,05
- 02,03,04
- 02,03,05
- 02,04,05
- 03,04,05

Perceba que cada grupo pode sair uma quantidade X de dezenas. **Mais dentro da quantidade X de dezenas, existe uma quantidade X de combinações com aquele padrão.**
No exemplo acima no grupo A ou Primeira Linha:

- Foram sorteadas três dezenas
- As três dezenas foram a 01, 02, 03.
- A combinada desse grupo é Padrão **A3**, por que formulando com letras fica melhor o entendimento.

- E o padrão A3 pode gerar 10 combinações com esse tipo conforme mostrado no exemplo acima.
- E sendo 10 combinações diferentes com Padrão, podemos concluir que seriam 10 jogos com esse padrão para acertar 100% as três dezenas. E caso apostasse apenas 1 jogo, a chance ficaria de 1 para 10 para acertar 3 pontos na linha.

Existem diversas combinações dentro de cada grupo ou Linha. Totalizando 31 combinações conforme tabela de combinações apresentada nesse livro. Assim comecei a organizar os grupos até chegar ao consenso de fórmulas combinatório.

L1 =A	L2= B	L3=C	L4=D	L5=E
01 02 03	08 09 10	11 14 15	16 18 20	21 22 24

No jogo acima temos uma formula A= 3 dezenas, B= 3 dezenas, C= 3 dezenas, D=3 dezenas, E= 3 dezenas. As letras representam as linhas da cartela. Sendo que a L1 = Linha 1 é representada pela letra A e as demais sucessivamente.

Representando uma Fórmula combinatória de cinco linhas dessa maneira **A3; B3; C3; D4; E3** ou da maneira que você quiser colocar como 3X3X3X3X3.

Uma simples fórmula combinatória A3, B3, C3, D4, E3 pode gerar muitos jogos. Por que a primeira linha se combina com a segunda 10x10 = 100 combinações em duas linhas. As três linhas combinadas entre si dariam o cálculo de 100x10 = 1000 combinações.

Por tanto se você resolvesse garantir um resultado sem o fator sorte acertando o padrão de três linhas 3x3x3 você teria que gerar mil apostas e acertando esse padrão de 3 linhas com mil jogos você acertaria as 3 linhas INFALIVELMENTE sem o fator sorte.

Veja que até podemos Eliminar o fator sorte, contudo o investimento é bastante elevado. Por isso que devemos contar com a sorte em acertar as dezenas fixas do padrão, pois jogo não é apenas estratégia, sempre haverá sorte envolvida.

Sabemos que para reduzir o número de combinações em cada padrão de cinco linhas as dezenas fixas são muito importantes. Contudo, caso você queira usar o critério de Dezenas que vão falhar ou dezenas excluídas, pode reduzir bastante o número de combinações.

Os filtros que eu recomendo para reduzir combinações são as dezenas fixas e as dezenas excluídas. Vamos então ao resumo dos passos.

1) Escolha o padrão de cinco linhas que vai montar 10 apostas ou 25 apostas.
2) Aposte para sempre esse padrão uma vez na semana, ou 2 vezes por mês, de acordo com sua capacidade econômica.
3) Utilize Filtros de dezenas Fixas para poder reduzir o número de combinações dentro desse padrão.
4) Utilize dezenas excluídas ou dezenas que você acha que não vai sair no sorteio dentro desse padrão. Isso vai reduzir ainda mais o número de jogos dentro desse padrão de cinco linhas. Contudo, acertar dezenas que vão falhar é algo muito mais difícil do que acertar dezenas fixas. Não escolha mais que 3 dezenas que vão falhar para eliminar do seu grupo de jogos do padrão. Um ERRE 5 ou acertar 5 dezenas que vão falhar é muito difícil.

Nesse Exemplo Abaixo:

A B C D E
01 02 03 08 09 10 11 14 15 16 18 20 21 22 24

✓ Você precisa acertar a Formula, A= 3 dezenas, B= 3 dezenas, C= 3 dezenas, D=3 dezenas, E= 3 dezenas.

- ✓ Você Precisa acertar as combinações desse padrão que são 10 possibilidades em cada linha. Uma questão de sorte. Contudo uma sorte organizada e inteligente. Muito diferente de apostar de qualquer jeito.

Como diz o provérbio *"Não existe o jeito certo para ter sorte, mais existe caminhos que facilitam."*

11

Garantia de Resultados Existem?

Essa parte foi o que mais me chateou durante anos. Por que eu tinha descoberto os padrões combinatórios, como te mostrei acima.

No entanto o fato de você saber que um determinado padrão existe não tem como garantir que vai acertar ele. Garantias de resultados não existem quando a gente não sabe interpretar o significado desse termo.

Garantias de resultados existem quando você acerta o padrão junto com os critérios. Muita gente leiga no assunto não sabe disso, e acha que garantia de resultado é a certeza absoluta de que vai acertar no jogo. Existe uma confusão nesse sentido

É basicamente assim: *"Todo grupo possui uma quantidade X de dezenas a serem sorteadas numa possibilidade de 1 para 5. Toda quantidade X de dezenas, possui uma quantidade X de combinação numa possibilidade de 1 para 10."*

Observe a tabela das combinatórias para melhor entendimento da teoria matemática:

A B C D E
01 02 03 08 09 10 11 14 15 16 18 20 21 22 24

LINHA 1	LINHA 2	LINHA 3	LINHA 4	LINHA 5
01 02 03	08 09 10	11 14 15	16 18 20	21 22 24

Sabendo que o padrão 3x3x3x3x3 existe diversas combinações, inclusive nessa tabela podemos gerar 10 jogos simples, usando em cada linha todas as 10 combinações do padrão. Logo a garantia de resultado não existe se acertar somente o padrão das cinco linhas. Agora se acertarmos as dezenas fixas dentro desses 10 jogos que levam ao acerto de 14 pontos, essa garantia existe.

A garantia de resultado ela existe apenas quando você acerta o critério que estabeleceu no padrão apostado. Tem que ter sorte de acertar todo o critério para poder chegar aos 14 ou 15 pontos. Por isso que jogo de loteria é difícil. Contudo é melhor apostar organizado do que aleatoriamente onde você vai depender de uma sorte muito mais considerada para chegar nesse objetivo.

12

Como analisar padrões corretamente?

Muitos dados estatísticos em jogos de loteria são bem difíceis de entender:

- ✓ Frequência
- ✓ Dezenas Atrasadas ou Ausentes
- ✓ Prognóstico
- ✓ Probabilidade de Concurso Seguinte

Por Isso que esse módulo nescessita de um conhecimento mais avançado. Não é apenas comprar uma ferramenta como rastreador de tendência que vai aumentar sua chance de acertar no jogo. Precisa entender cada função dessas ferramentas.

Não existe prognostico sem saber as funções corretas de cada estudo. Por esse motivo usar ferramentas sem conhecimento não é vantajoso. Por isso que deve estudar esse livro antes de comprar qualquer software ou programa de loteria.

Primeiro não existe certeza absoluta de acerto em jogos de loteria. Existem especulações como ocorrem no mercado financeiro, nas apostas esportivas, e outros mercados de risco.

Freqüência de dezenas sendo sorteadas não é garantia de acertos futuros. São tendências, o que significa que pode repetir ou não. A certeza absoluta não existe. Não adianta querer ficar milionário ou ganhar na loteria adivinhando resultados. Temos tendências e não certezas.

FREQUÊNCIA é igual à Ausência, e AUSÊNCIA é igual à Frequência. Por tanto se uma dezena está frequente ela está com tendência de não sair nos próximos sorteios. **No gráfico a estatística correta para as dezenas que vão sair são as que mais estão atrasadas.** E por outro lado, as que estão frequentes podem sair também, mais nesse caso podem fechar o ciclo tornando-se ausentes.

Se a dezena 10 está com 3 concursos que não é sorteada, e a dezena 01 está com todos os 3 concursos que está saindo, qual das duas possui uma tendência de sair no próximo sorteio? Com certeza é a dezena 10. Logo ela está atrasada e pode sair.

Excluir dezenas que estão atrasadas não é interessante. O recomendado é Excluir dezenas que não falharam em 6 sorteios consecutivos em média.

Se seu objetivo é escolher dezenas para fixar, ou seja, colocar como critério de dezenas fixas no seu grupo de jogos. **Você precisa nesse caso escolher dezenas que tendem a sair.** E você viu que as frequentes não possuem essa tendência, pelo contrário elas vão ficar sem sair nos próximos sorteios.

Memorize essa regra de ouro:

Dezenas que vão sair: São as que estão atrasadas

Dezenas que não vão sair: São as mais freqüentes que não falharam nos últimos sorteios

Acertar dezenas **é uma previsão contrária de resultados.** Logo num universo aleatório aquilo que está atrasado possui tendência de saída.

Por que se uma dezena está atrasada há mais de 10 concursos é sinal que não pode ficar assim para sempre. Ela vai sair e **quanto menor for o universo de dezenas, menor é o tempo de atraso.**

Tempo é o segredo do prognostico. Probabilidade de sair no concurso seguinte é o critério para saber quais entre as mais atrasadas podem sair num próximo sorteio. Esse critério deve ser usado corretamente para saber se uma dezena frequente que está sinalizando que vai ficar de fora, quais dessas dezenas frequentes pode não sair no próximo concurso.

O nosso cérebro é péssimo na interpretação de resultados. Sempre queremos ver os eventos com nossa lógica cerebral, e ele nos engana.

1. **Dezenas Frequentes = Podem não Sair**: Analisar na função probabilidade do concurso seguinte quais podem ficar de fora.
2. **Dezenas Atrasadas = Podem sair**. Analisar na função probabilidade do concurso seguinte quais podem sair. Função de ciclos de dezenas ausentes da ferramenta loteria Soft.

A gente sabe que todos os padrões de linha geram 31 jogos pelo motivo apresentado abaixo:

- **Padrão tipo 1:** 5 jogos
- **Padrão tipo 2:** 10 Jogos
- **Padrão tipo 3:** 10 Jogos
- **Padrão tipo 4:** 5 Jogos
- **Padrão tipo 5:** 1 Jogo

Lembrando que 31 jogos não garantem o acerto das cinco linhas. Por isso é fundamental entender freqüências e atrasos, por que você vai acompanhar os ciclos das dezenas ausentes e vai usar como dezenas fixas no padrão que escolher.

Por outro lado, vai observar as dezenas que não falharam nos últimos 6 sorteios e excluir do grupo de jogos. O ideal não é jogar 31 combinações variáveis. Somente se você quiser garantir o resultado de uma linha só isso.

Por tanto melhor do que esperar pela sorte é garantir que ela aconteça forçando resultados através de combinações que garantem resultados nas linhas. E quanto mais linhas eu garanto, eu não necessito ter muita sorte para chegar aos 15 pontos.

O que você precisa entender no campo de estatística é o seguinte:

1. Garantia de Linhas e Colunas
2. Tendências de Padrões Combinatórios
3. Filtro de Impares e Pares
4. 3 dezenas Excluidas obedecendo o princípio da Certeza Absoluta.

5. Até o limite máximo de 5 dezenas fixas obedecendo o princípio da certeza Absoluta.
6. Usar Padrões de Cinco Linhas com alto potencial de sair nos futuros sorteios.

Além disso, resumindo as regras e garantias:

1. Mínimo de 25 Apostas por grupo ou o ideal deve ser 31 jogos para garantir a linha em 100% ou uma coluna.
2. A escolha das dezenas tanto as que ficam de fora **(ausentes ou excluídas)** como também as dezenas fixas, devem ser estudadas com a ferramenta **Loteria Soft.**
3. O número de concurso que deve ser analisado sempre é no máximo 10 últimos sorteios.
4. Sobre as tendências é certo que deve equilibrar pares com impares (**7 pares 8 impares, 8 pares 7 Impares).**
5. Não há como garantir um bom resultado se não forem cumpridas as etapas de todo processo que é o mínimo dc jogos (10 jogos) ou uso das combinatórias máximas (31 jogos), e o fator sorte no acerto de dezenas fixas ou Excluidas.

Não há garantias de 14 pontos com poucas apostas a menos que você use muitos critérios ou filtros matemáticos (Moldura, Fibonacce, Impares e Pares, Gêmeas, Números Primos etc). Contudo, é preciso saber quantos critérios existem, e saber combinar eles dentro do **princípio da certeza absoluta.**

As chances de acertar na Lotofácil dependem de muitos critérios. Quantas dezenas eu uso? 15, 16, 17,18, 19 ou 20? Quantas dezenas excluídas eu preciso acertar? 5, 6, 7, 8, 9 ou 10? Quantas dezenas Fixas estão sendo usada nos Jogos? **Você precisa identificar o tipo de critério matemático que precisa acertar.**

Qual critério de acerto é mais fácil de acertar? Dezenas que falham? Dezenas que eu Fixo ou repito nas apostas? Dezenas de fechamentos de 20, 22 e 23 dezenas? Todas as probabilidades para cada tipo de esquema são diferentes uma das outras. **Contudo, nenhum esquema elimina o fator sorte.**

Tabela de Todos os Padrões da Linha 1

01		
02		
03		
04		
05		
01,02		
01,03		
01,04		
01,05		
02,03		
02,04		
02,05		
03,04		
03,05		
04,05		
01,02,03		
01,02,04		
01,02,05		
01,03,04		
01,03,05		
01,04,05		
02,03,04		
02,03,05		
02,04,05		
03,04,05		
01,02,03,04		
01,02,03,05		
01,02,04,05	Saiu no dia	17/04/2020
01,03,04,05		
02,03,04,05		
01,02,03,04,05		

Total de combinações: 31 combinatórias máximas. Isso significa dizer que seja qual for o resultado da Lotofácil, ele deve cair em alguma dessa linha de jogo. Quando eu falo em Eliminar a linha, é por que qualquer que seja o resultado, ele sempre vai ser CERTO, pois nesse caso não há necessidade de Sorte alguma. Porém é preciso jogar todas as 31 combinações se você não quiser contar com a sorte nessa linha.

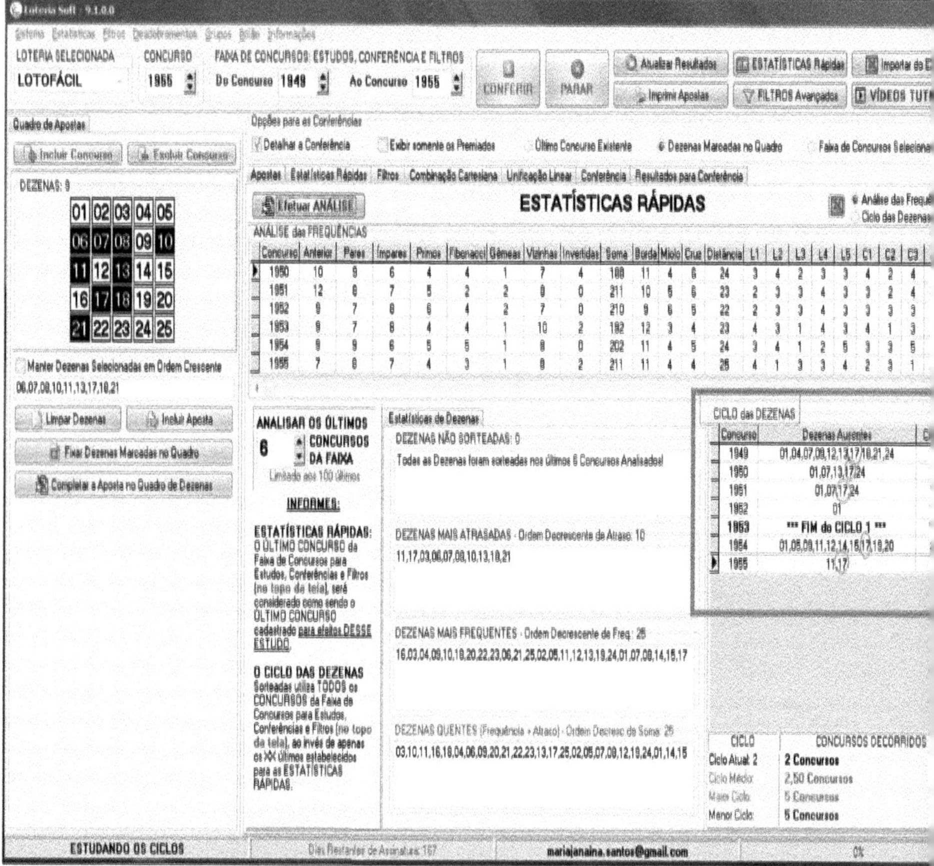
LOTERIA SELECIONADA
LOTOFÁCIL
CONCURSO 1955
FAIXA DE CONCURSOS: ESTUDOS, CONFERÊNCIA E FILTROS
Do Concurso 1949
Ao Concurso 1955
CONFERIR
PARAR
Atualizar Resultados
Imprimir Apostas
ESTATÍSTICAS Rápidas
FILTROS Avançados
Quadro de Apostas
Incluir Concurso
Excluir Concurso
DEZENAS: 9
Manter Dezenas Selecionadas em Ordem Crescente
06,07,08,10,11,13,17,18,21
Limpar Dezenas
Incluir Aposta
Fixar Dezenas Marcadas no Quadro
Completar a Aposta no Quadro de Dezenas
Opções para as Conferências
Detalhar a Conferência
Exibir somente os Premiados
Último Concurso Existente
Dezenas Marcadas no Quadro
Apostas
Estatísticas Rápidas
Filtros
Combinação Cartesiana
Unificação Linear
Conferência
Resultados para Conferência
Efetuar ANÁLISE
ESTATÍSTICAS RÁPIDAS
ANÁLISE das FREQUÊNCIAS
ANALISAR OS ÚLTIMOS 6 CONCURSOS DA FAIXA
INFORMES:
ESTATÍSTICAS RÁPIDAS: O ÚLTIMO CONCURSO da Faixa de Concursos para Estudos, Conferências e Filtros (no topo da tela), será considerado como sendo o ÚLTIMO CONCURSO cadastrado para efeitos DESSE ESTUDO.
O CICLO DAS DEZENAS Sorteadas utiliza TODOS os CONCURSOS da Faixa de Concursos para Estudos, Conferências e Filtros (no topo da tela), ao invés de apenas os XX últimos estabelecidos para as ESTATÍSTICAS RÁPIDAS.
Estatísticas de Dezenas
DEZENAS NÃO SORTEADAS: 0
Todas as Dezenas foram sorteadas nos últimos 6 Concursos Analisados!
DEZENAS MAIS ATRASADAS - Ordem Decrescente de Atraso: 10
11,17,03,06,07,08,10,13,18,21
DEZENAS MAIS FREQUENTES - Ordem Decrescente de Freq: 25
DEZENAS QUENTES (Frequência + Atraso) - Ordem Decresc de Soma: 25
CICLO das DEZENAS
Concurso
Dezenas Ausentes
1949 01,04,07,08,12,13,17,18,21,24
1950 01,07,13,17,24
1951 01,07,17,24
1952 01
1953 *** FIM do CICLO 1 ***
1954 01,05,08,11,12,14,15,17,19,20
1955 11,17
CICLO
CONCURSOS DECORRIDOS
Ciclo Atual: 2
2 Concursos
Ciclo Médio
2,50 Concursos
Maior Ciclo
5 Concursos
Menor Ciclo
5 Concursos
ESTUDANDO OS CICLOS

01		
02		
03		
04		
05		
01,02		
01,03		
01,04		
01,05		
02,03		
02,04		
02,05		
03,04		
03,05		
04,05		
01,02,03		
01,02,04		
01,02,05		
01,03,04		
01,03,05		
01,04,05		
02,03,04		
02,03,05		
02,04,05		
03,04,05		
01,02,03,04		
01,02,03,05		
01,02,04,05	Saiu no dia	17/04/2020
01,03,04,05		
02,03,04,05		
01,02,03,04,05		

13

GRUPO COM 31 JOGOS GARANTIA DE 13 PONTOS

1º Jogo: 01,06,07,08,09,10,11,12,13,15,16,18,23,24,25
2º Jogo: 02,06,07,08,09,10,11,12,13,15,17,18,21,24,25
3º Jogo: 03,06,07,08,09,10,11,12,13,15,16,17,21,24,25
4º Jogo: 04,06,07,08,09,10,11,12,13,15,17,18,23,24,25
5º Jogo: 05,06,07,08,09,10,11,12,13,15,16,18,23,24,25
6º Jogo: 01,02,06,07,08,09,10,11,12,13,15,18,23,24,25
7º Jogo: 01,03,06,07,08,09,10,11,12,13,15,17,18,21,24
8º Jogo: 01,04,06,07,08,10,11,12,13,15,17,18,23,24,25
9º Jogo: 01,05,06,07,08,09,10,11,12,13,15,17,18,23,24
10º Jogo: 02,03,06,07,09,10,11,12,13,15,16,20,23,24,25
11º Jogo: 02,04,06,07,08,09,10,11,12,13,15,17,18,24,25
12º Jogo: 02,05,06,07,08,09,10,11,12,13,15,18,23,24,25
13º Jogo: 03,04,06,07,09,10,11,12,13,15,16,17,21,23,24
14º Jogo: 03,05,06,07,09,10,11,12,13,15,17,18,23,24,25
15º Jogo: 04,05,06,07,09,10,11,12,13,15,17,20,21,24,25
16º Jogo: 01,02,03,06,09,10,11,12,13,15,17,18,23,24,25
17º Jogo: 01,02,04,06,08,09,10,11,12,13,15,16,20,24,25
18º Jogo: 01,02,05,06,07,08,09,11,12,13,15,18,23,24,25
19º Jogo: 01,03,04,06,07,08,10,12,13,15,16,18,23,24,25
20º Jogo: 01,03,05,06,07,08,09,11,12,13,15,17,23,24,25
21º Jogo: 01,04,05,06,07,09,11,12,13,15,17,18,23,24,25
22º Jogo: 02,03,04,06,07,08,09,10,12,13,15,17,18,21,24

23º Jogo: 02,03,05,06,09,10,11,12,13,15,17,18,23,24,25
24º Jogo: 02,04,05,06,08,09,10,11,12,13,15,18,23,24,25
25º Jogo: 03,04,05,06,07,10,11,12,13,15,17,20,21,24,25
26º Jogo: 01,02,03,04,06,07,08,11,12,13,15,17,20,24,25
27º Jogo: 01,02,03,05,08,09,10,11,12,13,15,18,23,24,25
28º Jogo: 01,02,04,05,06,07,09,10,12,13,15,17,20,24,25
29º Jogo: 01,03,04,05,06,09,10,11,12,13,15,20,23,24,25
30º Jogo: 02,03,04,05,06,07,09,10,12,13,15,18,21,24,25
31º Jogo: 01,02,03,04,05,06,10,12,13,15,17,20,21,23,24

GRUPO COM 6 JOGOS GARANTIA DE 13 PONTOS

6 Jogos que garante 13 pontos 100% e 14 pontos em 99,9%.

01,02,03,04,06,10,11,12,13,14,17,19,22,23,25
01,02,03,05,06,10,11,12,14,15,17,18,22,23,25
01,02,04,05,06,09,10,11,13,14,15,17,22,23,25
01,03,04,05,06,09,10,11,13,14,15,17,22,23,25
02,03,04,05,06,10,11,13,14,15,17,18,22,23,25
01,02,03,04,05,06,10,11,13,14,15,17,22,23,25

A4 OU A5 + B2 OU B3 + C4 + D2 OU D1+E3

Tem que acertar essas 8 Dezenas Fixas
06, 10, 11, 14, 17, 22, 23,25

DICA DE FREQUÊNCIA E REPETIÇÃO!

*** O segredo de acertar com 6 jogos como esse é você repetir com teimosinhas até acertar os padrões!

12 Jogos de 17 que garante 13 ou 14 pontos

Exclua as 2 dezenas mais freqüentes dos últimos 3 sorteios para ficar jogos de 15 dezenas com alto potencial de acerto.

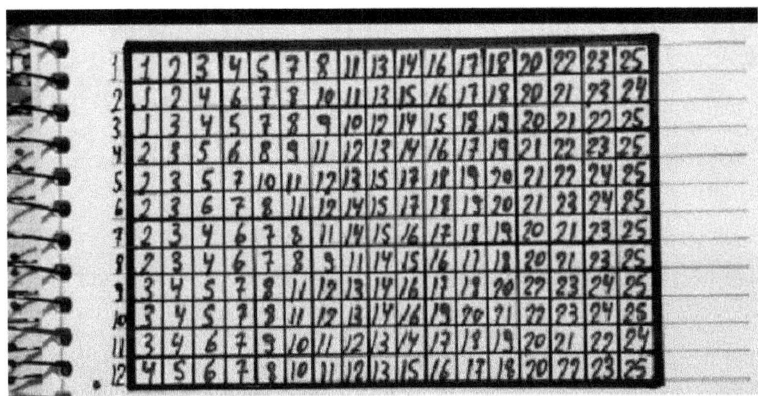

1	1	2	3	4	5	7	8	11	13	14	16	17	18	20	22	23	25
2	1	2	4	6	7	8	10	11	13	15	16	17	18	20	21	23	24
3	1	3	4	5	7	8	9	10	12	14	15	18	19	20	21	22	25
4	2	3	5	6	8	9	11	12	13	14	16	17	19	21	22	23	25
5	2	3	5	7	10	11	12	13	15	17	18	19	20	21	22	24	25
6	2	3	6	7	8	11	12	14	15	17	18	19	20	21	23	24	25
7	2	3	4	6	7	8	11	14	15	16	17	18	19	20	21	23	25
8	2	3	4	6	7	8	9	11	14	15	16	17	18	20	21	23	25
9	3	4	5	7	8	11	12	13	14	16	17	18	20	22	23	24	25
10	3	4	5	7	8	11	12	13	14	16	19	20	21	22	23	24	25
11	3	4	6	7	9	10	11	12	13	14	17	18	19	20	21	22	24
12	4	5	6	7	8	10	11	12	13	15	16	17	18	20	22	23	25

Os Jogos Abaixo garantem sempre 11 e 12 pontos na Lotofácil

01,02,03,04,05,06,07,08,09,10,11,12,13,14,15
01,02,03,04,05,06,07,08,09,10,16,17,18,19,20
01,02,03,04,05,06,07,08,09,10,21,22,23,24,25
06,07,08,09,10,11,12,13,14,15,16,17,18,19,20
06,07,08,09,10,16,17,18,19,20,21,22,23,24,25
06,07,08,09,10,11,12,13,14,15,21,22,23,24,25
11,12,13,14,15,16,17,18,19,20,21,22,23,24,25
01,02,03,04,05,16,17,18,19,20,21,22,23,24,25
01,02,03,04,05,11,12,13,14,15,21,22,23,24,25
01,02,03,04,05,11,12,13,14,15,16,17,18,19,20

Grupo de 23 Duques que garante 100% acerto de 2 falha se montar 23 grupos de 10 jogos cada. Total 230 jogos um deles você teria a garantia infalível de 2 falhas.

Como Garantir o acerto de duas dezenas que vão falhar 100% garantido em qualquer sorteio da Lotofácil.

15,25
02,05
07,18
03,21
06,15
01,20
18,19
06,25
17,20
07,19
08,16
13,22
08,14
22,23
04,10
10,24
09,12
01,17
13,23
09,11

14,16
04,24
11,12

Como Jogar? **Monte 23 grupos de jogos excluindo duas dessas dezenas**. Nesse caso, um dos grupos terá o acerto de duas falhas. Se fosse 23 padrões de cinco linhas você poderia acertar um padrão de cinco linhas + 2 dezenas excluídas.

Assim jogando 23 jogos de 16 dezenas ou mais, suas chances podem aumentar ainda mais. Você também pode criar 23 grupos de 10 jogos de 15 dezenas. Cada grupo correspondendo a 1 combinação de 2 excluídas dessas, que certamente nesse grupo de 10 jogos haverá bons acertos.

Seguindo essa mesma lógica vamos ao grupo da garantia de 3 dezenas excluídas, esse segundo grupo é ainda mais potencial em nível de acerto. Contudo, você só garante o acerto de 3 falhas excluído 4 na técnica misteriosa dos quadrantes:

01,02,06,07
02,03,07,08
03,04,08,09
04,05,09,10
06,07,11,12
07,08,12,13
08,09,13,14

09,10,14,15
11,12,16,17
12,13,17,18
13,14,18,19
14,15,19,20
16,17,21,22
17,18,22,23
18,19,23,24
19,20,24,25

Nesse Grupo Aqui você faz do mesmo jeito. Em jogos de 16 ou 17 dezenas ou mais, você aposta 16 jogos excluído 4 já que pelo menos 3 delas já será garantido em qualquer sorteio da lotofácil, e assim aumentando as chances para os 15 pontos. Pode criar também 16 grupos de 10 jogos de 15 dezenas utilizando em cada grupo uma combinação de excluídas totalizando 16 combinações.

Garantia: 100% os 14 pontos em 14 jogos. Caso você acerte o Padrão 5 na Linha 2 que são as dezenas 06,07,08,09,10 e mais 4 dezenas fixas aleatórias. Resumindo você precisa acertar 9 fixas para garantir 13 ou 14 pontos em 14 jogos. Essa técnica é muito boa por que usa os padrões e combinações de linha cheia para facilitar o acerto.

9 dezenas fixas:

Padrão 4 da L1 + Padrão 5 da L2 ou Padrão 1 na L3 pode ser mais favorável o resultado.

01,03,04,05,06,07,08,09,10,16,17,18,19,21,22
01,03,04,05,06,07,08,09,10,16,17,18,20,21,25
01,03,04,05,06,07,08,09,10,16,17,18,22,23,25
01,03,04,05,06,07,08,09,10,16,17,19,20,24,25
01,03,04,05,06,07,08,09,10,16,17,21,22,23,24
01,03,04,05,06,07,08,09,10,16,18,19,23,24,25
01,03,04,05,06,07,08,09,10,16,18,20,22,24,25
01,03,04,05,06,07,08,09,10,16,19,20,21,22,23
01,03,04,05,06,07,08,09,10,17,18,19,20,22,23
01,03,04,05,06,07,08,09,10,17,18,19,21,23,25
01,03,04,05,06,07,08,09,10,17,18,20,21,23,24
01,03,04,05,06,07,08,09,10,17,19,21,22,24,25
01,03,04,05,06,07,08,09,10,18,19,20,21,22,24
01,03,04,05,06,07,08,09,10,20,21,22,23,24,25

Os jogos abaixo pega-se quase sempre 12 pontos:

05-19-20-12-21-01-16-25-02-10-11-15-22-23-24
06-19-20-13-21-04-16-25-03-10-11-17-22-23-24
07-19-20-14-21-09-16-25-08-10-11-18-22-23-24

31 Jogos que pega Quase Sempre 13 pontos altas chances para 14 pontos.

01,02,03,05,06,09,11,15,16,17,18,20,21,24,25
01,03,04,05,06,07,10,11,12,15,17,18,19,23,25
02,03,04,05,06,07,08,11,12,13,16,17,19,22,23
03,04,05,06,07,08,10,13,14,18,19,21,22,23,25
01,02,03,04,07,08,09,11,14,15,16,19,20,21,23
01,02,04,05,07,08,09,11,12,15,16,17,20,21,22
02,03,04,07,08,10,11,13,16,17,18,21,23,24,25
02,03,05,07,08,09,11,12,13,14,15,19,20,23,25
02,04,05,07,08,09,10,11,13,14,16,19,20,21,25
01,03,04,08,10,13,14,15,16,18,19,20,21,23,24
01,03,05,08,09,10,11,12,14,15,17,20,21,22,25
01,04,05,06,08,09,10,11,13,15,16,17,18,21,23
01,02,03,06,10,11,14,15,16,17,19,22,23,24,25
01,02,04,06,07,08,10,12,15,17,19,21,22,23,24
01,02,05,06,07,08,11,12,13,17,19,22,23,24,25
03,04,06,07,10,11,12,13,15,17,19,21,22,23,24
03,05,08,09,10,11,12,13,14,17,18,19,21,22,23
04,05,06,07,08,11,12,13,17,18,19,20,21,23,25
02,03,06,07,08,11,12,13,16,17,20,21,22,23,25
02,04,07,08,09,10,13,14,15,16,19,20,21,23,25
02,05,07,08,11,13,14,15,16,17,20,21,23,24,25
01,03,06,07,08,11,13,14,16,18,19,20,21,22,23
01,04,07,09,10,11,13,16,19,20,21,22,23,24,25
01,05,06,09,10,11,12,13,14,15,16,17,19,21,23
04,06,09,10,11,12,13,14,15,17,19,21,23,24,25
05,06,07,10,11,12,13,14,16,17,18,19,20,21,23
01,02,06,07,08,11,13,14,15,17,19,20,21,23,25

01,06,09,10,11,12,13,15,17,19,21,22,23,24,25
02,06,07,10,11,12,13,15,16,18,19,20,21,23,24
03,06,07,08,09,11,12,13,15,18,19,20,21,24,25
01,02,03,04,05,08,10,12,15,17,19,20,21,22,23

ELE ACERTOU 14 PONTOS NA LOTOFÁCIL COM APENAS 1 JOGO COM ESSA ESTRATÉGIA. SORTE OU ESQUEMA?

Esse é o título de um artigo que eu produzi no meu blog https://www.truquesdeloteria.com.br no blog você vai encontrar muitos conteúdos legais. Arquivos de estratégias para baixar, palpites, Jogos Prontos, Estatísticas, Artigos diversos. Basta copiar a URL e colar ou digitar no seu navegador.

Quando se aposta grupos combinatórios as chances de acertar aumentam de verdade. Por que você fecha o resultado no grupo sem depender exclusivamente da sorte.

Se você joga 1 aposta somente, e sabemos que uma linha do volante pode gerar 31 combinatórias nos tipos 1, 2, 3, 4, e 5, ou seja, quem diz que acerta 14 pontos com 1 aposta está sendo um mentiroso. Só se for pela sorte grande.

Por esse motivo antes de revelar o segredo, prefiro mostrar que embora até exista essa maneira de facilitar o acerto numa única aposta está mais condicionada à necessidade de uma sorte maior.

Por esse motivo não podemos comparar 1 aposta com 31 apostas. Os desdobramentos apresentados nos capítulos anteriores demonstram isso. São eles que tornam o processo de acerto mais fácil. Contudo, muitas pessoas não podem apostar vários jogos por conta da situação financeira.

Devido essa condição financeira é que dependem somente da sorte para acertar pontuações. A maneira de facilitar o acerto depende desse pré-requisito. Você precisa acertar ainda mais, critérios estabelecidos para alcançar os 14 pontos.

1. Aposte a combinatória que tem mais dezenas por linha

Sabemos que em cada linha da lotofácil são 31 combinatórias, segundo mostra essa tabela abaixo:

01	06	11	16	21
02	07	12	17	22
03	08	13	18	23
04	09	14	19	24
05	10	15	20	25
01,02	06,07	11,12	16,17	21,22
01,03	06,08	11,13	16,18	21,23
01,04	06,09	11,14	16,19	21,24
01,05	06,10	11,15	16,20	21,25
02,03	07,08	12,13	17,18	22,23
02,04	07,09	12,14	17,19	22,24
02,05	07,10	12,15	17,20	22,25
03,04	08,09	13,14	18,19	23,24
03,05	08,10	13,15	18,20	23,25
04,05	09,10	14,15	19,20	24,25
01,02,03	06,07,08	11,12,13	16,17,18	21,22,23
01,02,04	06,07,09	11,12,14	16,17,19	21,22,24
01,02,05	06,07,10	11,12,15	16,17,20	21,22,25
01,03,04	06,08,09	11,13,14	16,18,19	21,23,24
01,03,05	06,08,10	11,13,15	16,18,20	21,23,25
01,04,05	06,09,10	11,14,15	16,19,20	21,24,25
02,03,04	07,08,09	12,13,14	17,18,19	22,23,24
02,03,05	07,08,10	12,13,15	17,18,20	22,23,25
02,04,05	07,09,10	12,14,15	17,19,20	22,24,25
03,04,05	08,09,10	13,14,15	18,19,20	23,24,25
01,02,03,04	06,07,08,09	11,12,13,14	16,17,18,19	21,22,23,24
01,02,03,05	06,07,08,10	11,12,13,15	16,17,18,20	21,22,23,25
01,02,04,05	06,07,09,10	11,12,14,15	16,17,19,20	21,22,24,25
01,03,04,05	06,08,09,10	11,13,14,15	16,18,19,20	21,23,24,25
02,03,04,05	07,08,09,10	12,13,14,15	17,18,19,20	22,23,24,25
01,02,03,04,05	06,07,08,09,10	11,12,13,14,15	16,17,18,19,20	21,22,23,24,25

Conforme tabela acima. São muitas combinatórias numa linha totalizando 31. Acontece que os padrões do tipo 2 e 3 são as combinações que geram mais jogos. No total o padrão II gera 10 combinatórias, e o Padrão III gera 10 combinatórias.

Isso significa que os padrões de 1, 4, e 5 podem gerar menos combinações, e gerando menos combinações significa que precisa de menos jogos para fechar pontuações. Levando pelo lado Financeiro da coisa os jogos devem ser feitos com esses padrões.

Eu sei que são padrões muito difíceis de sair, pois os que saem muito são 2,3,4 combinados entre si, porém apostar um padrão de linha cheia exemplo 01,02,03,04,05 além de garantir 5 pontos numa única aposta, pode ser muito mais fácil pegar 14 pontos num jogo desses, do que em outras combinações.

Logicamente a probabilidade sempre será de 2 ou 3 dezenas em cada linha do volante. Isso é uma desvantagem quando você aposta somente 1 jogo. Por que mesmo que aposte 1 jogo com padrão 2 ou 3, você estará usando apenas 1 combinatória entre as 10 existentes naquele padrão.

Contudo os padrões do tipo 4 geralmente saem com uma certa frequência, embora seja menos. Isso significa que se você for fazer jogos de 16, 17 ou 18 dezenas, o recomendado é que faça com padrões do tipo 4 e 5.

Principalmente se você for fazer apenas 1 aposta de 16 dezenas. Nesse caso, você precisa usar o padrão do tipo 5 (Padrão de linha cheia).

Logo é mais complicado esse padrão sair no sorteio, mais ele saindo você já garante um acerto de 5 pontos.

Agora se no sorteio não sair o padrão 5 e mesmo assim sair o padrão de 4 dezenas que são: **(01,02,03,04), (01,02,03,05), (01,02,04,05), (01,03,04,05) e (02,03,04,05). Cinco combinações equivalentes a cinco jogos.**

Por tanto essa é a primeira dica, caso aposte 1 jogo de 16, 17 ou 18 dezenas, ou até mesmo de 15 dezenas. Aposte da seguinte maneira: *"Uma linha com 5 dezenas, uma linha com 4 dezenas, e uma coluna com 4 dezenas. Por quê? Por que pode pintar uns 13 a 14 pontos com apenas um jogo se você acertar esses critérios."*

2. **Escolha 5 dezenas que pretende acertar no universo de 25.**

Quando você aposta na Mega-sena, Quina, Dia de Sorte, Dupla-Sena os principais, você precisa acertar duques, ternos, quadras, quinas e senas num universo X de dezenas.

No caso da Mega-Sena são 60 dezenas totais e você acertando 4/60, 5/60 e 6/60 leva Prêmios.

No caso da Quina você ganha acertando 2 de 80, 3/80, 4/80 e 5/80.

Geralmente eu coloquei a quina e a Mega Sena como exemplo por que são os jogos mais complicados de acertar as faixas pretendidas.

É só observar as probabilidades que percebemos o quanto é complicado acertar uma quadra tanto na Mega Sena quanto na Quina. Sendo assim, acertar 4 dezenas num universo de 60 ou 80 é algo realmente complicado. Esse processo torna-se mais fácil quando usamos mais dezenas no volante ou fazendo desdobramentos ou pagando mais caro para adicionar mais dezenas.

No entanto jogos como a Dupla Sena que são 50 dezenas, acerta 4 de 50 já é um resultado mais provável, eu diria que até mais fácil de acontecer. Mesmo assim, ainda não é tão fácil conseguir isso com 1 aposta somente.

Já no jogo DIA DE SORTE mostra que esse resultado de 4 para 31 de fato muito fácil, tanto que o valor da premiação é muito irrisório. Acertar 4 dezenas em 31 é tão fácil que o pagamento do prêmio é bastante pequeno.

Através desse jogo do dia da sorte, podemos perceber que não vale a pena apostar 1 aposta somente em jogos como Dupla Sena, Mega-Sena e Quina. Na verdade nem na lotofácil vale à pena. **Somente no Dia de Sorte que é 4 para 31 e os 12 meses da sorte.**

Por tanto somente o DIA DE SORTE e a LOTOFÁCIL são jogos que ainda vale a pena apostar entre 1 e 3 jogos, na Lotofácil desde que você aposte o Padrão **5,4,4** caso contrário só vai perder seus R$ 2.50.

Observando esses parâmetros podemos concluir que acertar 4 dezenas de 25 é ainda mais fácil do que 4 em *31 (Comparativo entre a lotofácil e Dia de Sorte).* Assim podemos ver que se usarmos uma sena na lotofácil fica mais fácil do que na Mega Sena 6 para 25 diferente de 6 para 60.

- **MEGA SENA: 6 para 60**
- **LOTOFÁCIL: 6 para 25.**

Uma redução e tanto, e dentro da possibilidade lógica matemática. Logo o jogo Dia De Sorte são 7 de 31, então podemos ver que se jogarmos 6 de 25 será algo mais fácil do que 6 de 31 como acontece no jogo Dia de Sorte.

Já que acertar 4 ou 6 de 25 é algo muito mais fácil. Por que não usar essa lógica no sentido de Dezenas Fixas? Ou até mesmo de dezenas excluídas.

Excluir 4 dezenas de 25 não é a mesma coisa que escolher 4 dezenas de 25 que vão sair. Eu pensava que era a mesma coisa. Ocorre que depende do ponto de vista da sua escolha. Se você tem 15 dezenas de 25 para acertar 4 pontos, logo o acerto das 4 dentro das 15 e dentro das 25 é algo fácil demais.

O problema é quando você escolhe 4 de 25 que não está dentro das 15 que você escolheu entre as 25. É nesse ponto que existe o nível de dificuldade. Ou mesmo quando você FIXA 4 dezenas em 10 jogos de 15 dezenas, e precisa acertar essas 4 dezenas fixas. As chances são as mesmas que excluísse 4 de 25 para acertar a falha.

No campo de visão da lotofácil você escolhe 15 dezenas de 25. Mais na verdade o que deveria escolher era 4 ou 5 de 25 que não iria sair. Mais se fizer isso em apenas 1 jogo não fará a menor diferença.

Acertar 4 falha num jogo de 15 dezenas te garante apenas 9 pontos. Em tese você precisa acertar 6 de 25 para poder acertar 11 pontos com um jogo apenas. E assim vai indo para acertar os 15 pontos tem que acertar 10 dezenas que vão falhar. Aqui está a enorme dificuldade do jogo.

É por isso que jogar com grupos de apostas excluindo 4 de 25 sempre é a melhor opção. Muito embora tenha gente que acha que com apenas 1 aposta a sorte vai dar os 15 pontos. E em muito raros casos já aconteceu. Em jogos o fator sorte não tem explicação. Apenas acontece e pronto. Muito embora aqueles que estudam essas coisas, tendem a ter mais chance, e favorecem o acerto dessas premiações.

15

Qual sua meta para os 15 pontos?

Os jogos prontos podem ser classificados como:

- Focadas na recuperação
- Focados em Garantias
- Média Agressividade para 14 pontos
- Agressivos para 14 pontos
- Focados em 15 pontos
- Agressivos Para 15 pontos
- Focado no Aleatório (Esses não fazem parte do objetivo dos nossos estudos)

Nesse livro eu pretendo dividir os grupos dos Jogos prontos de acordo com a capacidade econômica de quem vai apostar. Por que apostar na loteria é uma ciência que envolve muitos critérios e fatores para conseguir acertos. O fato é que todos têm chance de acertar os 15 pontos, mais nem todos têm chances iguais.

Todo mundo joga pra acertar 15 pontos. **Mais nem todo jogo é voltado para 15 pontos.** É claro que você está diante de um sorteio que tudo pode acontecer. No entanto você precisa ter uma sorte muito grande para acertar os 15 pontos, mesmo utilizando todas as estratégias matemáticas possíveis.

O foco é descobrir realmente em que grupo de chance você está inserido. Só assim você vai estabelecer uma meta de aposta. Todo mundo aposta sonhando em acertar os 15 pontos. Porém, existem aqueles que querem recuperar boa parte dos gastos através de premiações de 11, 12 e 13 pontos. Esse tipo de jogador ele aposta com medo.

Nesse caso o Apostador possui o perfil de **Focado na Recuperação**. Quando apostamos focados em recuperar o dinheiro apostado nossos jogos devem ser grupos com **variações de combinações.** Por exemplo, você monta 25 jogos que é o mínimo recomendado, usando padrões variados de combinações.

Os Jogos Abaixo eles são Focados em Recuperação:

01,02,03,04,06,10,11,13,15,16,17,20,22,23,25
01,02,03,05,07,08,11,13,14,16,18,20,22,23,24
01,02,04,05,09,10,11,14,15,17,18,19,22,24,25
01,03,04,05,07,08,10,11,13,18,19,20,21,22,25
02,03,04,05,06,09,10,11,15,16,17,18,21,22,24

01,02,03,06,07,08,09,11,14,16,17,19,21,22,23
01,02,04,07,08,09,10,11,12,15,16,18,20,21,22
01,02,05,06,07,09,10,11,12,16,19,20,21,22,25
01,03,04,06,07,08,11,12,13,14,16,18,21,22,24
01,03,05,08,09,10,11,13,14,15,18,20,21,22,23
01,04,05,07,09,10,11,12,14,15,19,20,21,22,25
02,03,04,06,07,11,12,13,14,15,16,17,22,23,24
02,03,05,07,08,11,13,14,15,16,19,22,23,24,25
02,04,05,06,10,11,12,14,16,17,18,20,22,23,25
03,04,05,09,10,11,12,13,14,15,17,18,22,24,25
01,02,06,08,09,10,11,12,13,17,19,21,22,23,25
01,03,06,07,08,10,11,12,14,16,18,19,22,24,25
01,04,06,07,08,09,10,11,15,17,19,20,22,23,25
01,05,06,07,09,11,12,13,14,16,20,21,22,24,25
02,03,06,07,10,11,12,13,15,16,19,21,22,23,25
02,04,06,08,09,11,12,14,15,16,18,22,23,24,25
02,05,06,08,10,11,13,14,15,17,20,21,22,23,24
03,04,06,09,10,11,13,15,17,18,20,21,22,23,24
03,05,07,08,09,11,13,14,16,18,19,20,22,23,24
04,05,07,08,10,11,14,15,16,17,18,19,20,22,25

Se você aposta três jogos de 15 dezenas seu grupo está **focado no aleatório**. Isso mesmo. Com essa quantidade de jogos você não consegue nem garantir 11 pontos com facilidade. Todo jogo depende do aleatório, porém o que aumenta de fato as chances de acertos são as variações de padrões. Sempre os melhores padrões são (2,3,4) e quanto mais fizer jogos com esses padrões, maiores são as chances de pegar 14 pontos.

Se todas as chances fossem iguais, não haveria possibilidades diferentes. Quando você aposta **Focado em Garantias,** nesse caso as apostas são um pouco mais arriscadas e arrojadas. Para se garantir um resultado X, é preciso que se acerte o critério Y. Por exemplo, um fechamento de 356 jogos que garante 14 pontos 100% infalível caso tão somente SE... Acertar 5 dezenas que não serão sorteadas no sorteio.

Quando você aposta focado na garantia deve observar que o elemento da sorte não é acertar dezenas. O fator determinante é o critério lógico matemático que dar a garantia. Por isso a condicional SE... Ela é predominante. Ou você acerta o critério quando aposta com garantia de resultado, ou seus acertos podem ser poucos. Simples assim.

A própria banca de jogo diz: ***"Por que para sorte, todo mundo é igual".*** Isso não é verdade. Nem todo mundo tem chance quando aposta poucos jogos. E os acertos de 14 e 15 pontos dependem sempre dos elementos envolvidos, que são:

- ✓ Valor do Dinheiro Aplicado em grupos de Jogos
- ✓ Tipo de Meta ou Foco que pretende alcançar
- ✓ Nível de dificuldade de acerto ou esquema usado
- ✓ Apostando Com dezenas adicionais 16, 17, 18, 19, 20 dezenas etc.

- ✓ Persistência em repetir a mesma estratégia durante meses, e até anos.

Se você faz 25 jogos e tem plenos conhecimentos de que cada linha do volante pode gerar 31 combinatórias Diferentes. Inclusive, além de conhecer essa informação você usa todas as combinatórias nessa linha, por meio daquilo que eu ensino no segundo volume desse livro chamado **APOSTAS MILIONÁRIAS,** você deve entender que nenhum jogo terá sua chance aumentada se for jogado poucas combinações. Isso é um fato cientificamente comprovado.

Quando se Aposta **focado em Média Agressividade** os critérios de garantias começam a ficar um pouco mais complicados de serem acertados. Contudo, quanto mais agressivo o grupo de critérios se torna num grupo de apostas, maior é a chance de fazer 14 ou 15 pontos.

Um exemplo de Média agressividade é apostar 31 jogos e usar todas as 31 combinações variáveis das linhas para garantir o resultado dessa linha, só que nas demais linhas fixando dezenas nos 31 jogos, que literalmente vão se repetir por 31 vezes. Ocorre que existe um médio risco de perder quase todo o dinheiro aplicado nos 31 jogos. Pois errando as dezenas fixas, todo o grupo de jogos pode não pontuar nada, perdendo todo valor apostado.

Porém se o apostador for inteligente vai perceber que só o fato de está apostando você já está arriscando. Não existe jogo sem risco de perca, por mais que você tente ao máximo buscar alguma espécie de lucro, isso vai depender de acertar alguns elementos de combinações variáveis, que também dependem do número de jogos apostados.

Então apostar é um risco. E aposta quem está consciente que pode perder o dinheiro. **Comparando risco versus chance** eu diria que apostar focado em recuperação ou no lucro é uma pura ilusão de ótica.

O jogo ele não foi criado para dar lucro, tão pouco ele existe para que você sobreviva dos pequenos prêmios pagos por ele. Loteria é uma milésima chance astronômica no universo de uma possibilidade de ficar milionário do dia para noite. Não confundir isso com sistema de investimento, ou algo que vai te fazer ganhar salários semanais.

Ter mais Chance depende de muitos fatores. Quando apostamos com inteligência essa parte astronômica de acertar diminui, e o sonho de acertar os 15 pontos torna-se, digamos, uma Possibilidade maior de acontecer.

Por tanto essa história de dizer que a sorte é igual para todos, não é verdade, por que depende muito da estratégia, do valor aplicado, e das repetições desses padrões.

Por tanto veja que faz sentido o que falo nesse livro. Nada do que eu explico aqui, foge dos princípios matemáticos das chances de acerto.

Então voltando aos tipos de grupos de jogos. Se compararmos 3 jogos feitos de forma aleatória, em relação a 25 jogos organizados com combinações inteligentes, eu te pergunto: **" Você acha que qual dos dois modelos de aposta têm mais chance de acertar os 15 pontos?".**

Sei que você é inteligente para perceber que não tem como comparar esses dois tipos de apostas. No modelo aleatório existe o fator sorte, e no modelo de padrão esse fator sorte continua existindo. Nenhum dos dois modelos você vai acertar sem que precise desse fator.

Porém mesmo que necessite ter sorte, ocorre que o fator da sorte ou a probabilidade de acerto não é igual nos dois modelos. Por que no primeiro modelo, jogos aleatórios são combinações que podem até nem sair com freqüência.

Podem até nunca terem saído, ou jamais vão sair em algum sorteio futuro. Por que são combinações que não se sabe ao certo se já pontuaram 14 pontos, se são boas o suficiente para premiar... Enfim, são aleatórias. Tanto podem ser boas ou ruins, o apostador fica a mercê de uma sorte estúpida. Ele está cego, cruzando os dedos para puramente acertar as 15 dezenas escolhidas.

Além disso, ainda existe a quantidade de jogos feitos. São apenas 3 jogos, e o pior, criados de forma aleatória sem nenhum estudo. Enquanto que no segundo modelo são 25 jogos, ou seja, grupos testados... Mais Ismael, testados como? Hoje em dia podemos testar combinações usando conferidor. **Eu sempre recomendo testar combinações usando o programa LOTERIA SOFT.**

Agora se eu te perguntar qual dos dois está focado na garantia de resultados, **qual dos dois modelos você deveria seguir?** O que precisa da sorte aleatória, ou aquele que usa as combinatórias para segurar pontuações? Obviamente que o segundo modelo existe uma meta provável de acerto, mais no primeiro se quer existe meta de acerto... O único critério seria acertar unicamente 15 dezenas.

Por tanto para ser mais exato, observando essas divergências entre o primeiro e segundo modelo, você realmente acredita que jogo é apenas fator sorte? Que estratégia é pura ilusão?

Não estamos falando de facilidades ou promessas de acerto fácil, mais garanto a você que sonha em acertar na loteria. Jogando aleatório esse sonho talvez nunca vá acontecer. Mais jogando com metas, combinações, critérios, você aumenta 50% a chance desse sonho se realizar.

Por que está claro e evidente nos exemplos, que o jogador que conhece as combinatórias terá uma sorte muito diferente, alcançando com mais facilidade o seu objetivo, mesmo que ainda continue torcendo para que alguns fatores aconteçam no sorteio, como acertar combinatórias, padrões etc.

Então quando você aposta 3 jogos feitos de qualquer jeito, você está jogando dinheiro no mato. Talvez não consiga acertar nem 11 pontos, dependendo de sua sorte. Por que você não sabe que combinações são que foram pintadas na cartela, que chamamos de volante.

Agora quando você aposta garantindo resultados numa linha, usando e conhecendo os padrões e suas combinatórias, você está inserido no grupo dos que sabem jogar, e o melhor, fazem previsão de resultados, garantem pontuações em linhas do volante, e aumentam suas chances de acerto. Provado matematicamente por qualquer matemático.

Resumindo o Primeiro modelo está focado no aleatório. O segundo já está focado na garantia de resultados. Entendeu?

Sabendo disso vamos agora esquecer os que sonham em ganhar na loteria através de sonhos, números especiais, datas de nascimento, bruxarias e cartomantes, rituais de atração nada disso funciona. E vamos focar nas garantias e nos seus fundamentos.

Quem joga com garantia sabe que precisa entender os critérios que garante o resultado. Por tanto se eu uso todas as combinatórias de uma linha, eu sei que essas combinatórias vão garantir o que? **O resultado na linha 100%**. E se eu não entendo o que é um padrão eu vou entender o que é uma combinatória? Claro que não. Para entender as combinatórias eu preciso saber o que são padrões.

Agora se eu sei que padrões é a quantidade de dezenas que sai numa linha e essas quantidades geram combinações eu sei que combinatórias existem, mais não somente elas existem, são elas que selecionam suas chances de acertar 14 ou 15 pontos.

Se eu conheço as combinatórias, eu sei que elas têm um limite naquele tipo de padrão para se combinarem entre si. Esse limite me faz entender que eu preciso apenas de **X jogos** garantindo 100% **X pontos** numa linha ou coluna, critérios são estabelecidos a parti desse momento, ou seja, meu jogo não é mais aleatório, ele torna-se inteligente.

E também sei que **X Padrão** gera **X combinatória** que gera **X Jogos**. Está entendendo? Por tanto Quando eu aposto 1 padrão eu tenho possibilidades em X números de jogos naquele grupo de combinação.

E por esse motivo eu sei que se o padrão sair no resultado esses **X jogos** vai garantir **X Resultado**. Tudo isso faz parte de uma lógica matemática muito exata. Sem arrodeio. **Se eu quero resultado X eu preciso de X jogos com X combinatórias dentro de X padrão e da sorte para acertar o padrão.**

Simples assim, sem mentira, enganação, golpe ou nada de malandragem como muitos falam e adoram criar sistemas, robôs com promessas milagrosas, como se na loteria existisse algum esquema que gere salários semanais.

O que se estuda é o aumento da chance, e não a garantia de acerto. Pois a garantia de acerto depende muito do número de jogos, e como não podemos apostar muitos jogos, nunca terá a garantia incondicional, aquela que sabemos que não precisamos cruzar os dedos para acertar algum critério ou fator matemático pelo fator sorte.

Por tanto, X jogos, X Padrão, X combinatórias, são chamados de **CRITÉRIOS MATEMATICOS QUE LEVAM A RESULTADOS.**

Memorizou? Sem critérios estabelecidos a coisa fica muito difícil. Até os 13 pontos você nunca consegue acertar. Eu sou chato mesmo. Além disso, nada garante se você vai acertar o critério. **A sorte sempre vai ter que existir.** Porém de uma maneira diferente.

Tem gente que acha que vai acertar toda vez um critério só por que ele sai com freqüência. Sair com freqüência significa ter mais chance, mais nunca à garantia absoluta de que você não vai perder ou errar.

Há Ismael... Mais eu quero ganhar com menos jogos. Há Ismael... Eu quero acertar sempre só com 10 joguinhos? Só com 3? Não só com um... Isso não existe! São grupos de combinações. Você mesmo está ciente que uma linha possui 31 combinações diferentes entre si, ou seja, até 10 jogos ainda é pouco.

Tem gente que joga até morrer e nunca ganha nem 14 pontos na lotofácil. Sabe por quê? Será se é AZALADO? Não... **É por que não sabe apostar**. Saber apostar não é garantir resultado, é apostar perseguindo grupos de combinações e repetindo elas até o acerto. Já falei antes e não custa ficar repetindo para você deixar de lado esse negócio de lucrar com jogos.

Por tanto pare com essa ilusão de comprar planilha. Que sistema X vai te ajudar... Que sistema Y é melhor, que robô é o caminho mais fácil. Nem X ou Y nem Robô... Se você não escolher seu grupo de combinações e amarrar elas até a sua morte, você nunca chegará aos 15 pontos. Só de Deus te eleger um grande sortudo e estiver escrito nas estrelas que isso tem que acontecer.

Sim Ismael, eu sei jogar, pois conheço os critérios, as regras do jogo, as combinatórias, os padrões... Certo, então continue apostando o critério até ele sair no sorteio. Independente se você já esperou um mês e nada dele sair, continue... Apenas continue segurando ele.

Há Ismael... Eu prefiro não usar essas coisas de padrão, não me identifiquei com isso. Achei isso muito chato. Isso não funciona! Nunca vai funcionar fácil por que você não tem paciência, pois em jogos de milhões de combinações você precisa focar só num tipo de estratégia e não ficar testando esquemas, vários deles toda vez que aposta.

Tenha responsabilidade para lidar com números, por que se você for um péssimo matemático em sua vida, nunca será rico, pois não sabe lidar com isso. Você precisa aprender administrar resultados em sua vida.

O dinheiro é uma consequência de seus atos e de seus conhecimentos. Se não for humilde ao ponto de se submeter ao universo o merecimento para receber presentes, ele não vai conceder.

O resultado seja ele qual for nasce de uma ATIVIDADE isso significa que você precisa ter um conhecimento e seguir um roteiro. A rota de muitos conhecimentos é adquirida através de pesquisas.

Você não gosta de ler, de escrever, não gosta de analisar dados, nem de ser um observador de fatos e eventos, você não está preparado para entender nenhum mecanismo. Jogar é um mecanismo que envolve muitas coisas. Comportamento, Estudo, Tempo, Dedicação, Investimento, Propósito, Metas, etc.

Então tudo depende do que você procura. Fazendo a si mesmo a pergunta **Por que joga? Como Joga? E qual é o propósito de seu jogo?** Pois como já falei, não custa repetir, alguns jogam para acertar poucos prêmios, outros para ficarem milionários. Eis um grande abismo que separa os propósitos de cada apostador.

Os propósitos são as modalidades. Eu jogo para recuperar o que joguei? Jogo para ter Lucro? Aposto por que quero ficar milionário? O segredo está na sua mente. Jogar para ter lucro é uma péssima idéia. Pior ainda pensando em recuperar gastos. O jogo ele é uma tentativa de ficar milionário. Muitos Apostam, imaginando tantas coisas...

Se seu propósito é recuperar o que gastou, você usa padrões e combinatórias para Acertar 11, 12 e 13 pontos. O foco é continuar concorrendo aos 14 ou 15 pontos sem ter muita chance. **Pois a chance ela está condicionada ao Risco.**

Quanto maior for o risco de perder, maior será a chance de acertar faixas difíceis de 14 e 15 pontos. Porém as pessoas usam o jogo como um escape dos seus problemas do mundo real. Acham que ali está a solução para pagar os boletos e fatura de cartões de crédito ou empréstimo.

São as dívidas que te faz interpretar que o jogo pode ser uma solução nesse sentido. Onde na verdade jogar é uma maneira de arriscar para ficar milionário e não para pagar contas de consumo. Por tanto não é uma solução para pagar boletos, nem sair do vermelho do cheque especial.

Quando eu digo jogar pra garantir 14 pontos...

Os jogos que garantem 14 ou 15 pontos são extremamente agressivos no sentido de dezenas fixas (**Difíceis de acertar**), precisam de critério e padrões de combinações que saem nas linhas e nas colunas por isso que dependem da sorte. Você pode até perder fácil quando joga dessa maneira, contudo se acertar o critério você acerta o propósito principal do jogo que não é o lucro nem a recuperação de gastos.

O grande problema de Jogar para garantir 14 pontos, é que geralmente você perde prêmios de 11, 12, e 13 pontos com muita facilidade. Por que o foco nesse caso não é a recuperação das apostas. Isso quer dizer que pode perder tudo para banca.

Mais como já demonstrado anteriormente nas modalidades de apostas, não se trata de perder tudo para a banca, mais de ter uma oportunidade de quebrar ela. Você só ganha se for corajoso e ter consciência de saber que jogo não é brincadeira. A banca não vai te dar um jogo que você acerta fácil. **Principalmente usando critérios fáceis de acertar. São os difíceis que você precisa usar.**

Nessa modalidade você usa todos os recursos das combinatórias e padrões centralizando em 25 jogos somente aquelas que você acredita que vai sair no sorteio.

Nos grupos de apostas onde estão presentes elementos muito fixos. Muitas dezenas fixas, combinatórias fixas isso é o que vai te fazer ficar milionário um dia. Agora que dia? Isso vai depender da sorte em acertar o critério difícil.

Como acertar um critério difícil? Essa resposta está nas tentativas. Coisas difíceis não se acertam de primeira, e nem com poucos dias... O segredo do tempo entra no jogo, e na repetição, e por esse roteiro muitos se cansam e desistem de apostar.

Por que a sorte está no sonho, na persistência e não importa quando vai acontecer, importa que você esteja tentando até acertar. **Tentando o mesmo critério de sempre,** mesmo ele sendo difícil demais, porém se é ele que vai te deixar milionário por que vai desistir de jogar ele?

Vou citar como experiência esse grupo de jogos que fiz para o concurso 1972 e que não vou te explicar a fórmula negra aqui, mais vou te deixar uma breve introdução para o segundo livro. Veja os grupos de Jogos:

01,02,06,07,09,10,11,12,13,14,17,22,23,24,25
01,03,06,10,11,12,13,15,17,18,19,22,23,24,25
01,04,06,07,10,11,12,14,15,17,19,22,23,24,25
01,05,06,09,10,11,13,14,15,17,18,22,23,24,25
02,03,06,09,10,12,13,14,15,17,19,22,23,24,25
02,04,06,10,11,12,13,14,17,18,19,22,23,24,25
02,05,06,09,10,11,12,13,15,17,18,22,23,24,25
03,04,06,09,10,11,12,14,15,17,19,22,23,24,25
03,05,06,10,11,13,14,15,17,18,19,22,23,24,25
04,05,06,09,10,12,13,14,15,17,18,22,23,24,25
01,02,03,04,06,10,11,12,13,14,17,22,23,24,25
01,02,03,05,06,10,11,12,13,15,17,22,23,24,25

01,02,04,05,06,10,11,12,14,15,17,22,23,24,25
01,03,04,05,06,10,11,13,14,15,17,22,23,24,25
02,03,04,05,06,10,12,13,14,15,17,22,23,24,25
01,02,03,04,06,10,11,12,13,15,17,22,23,24,25
01,02,03,05,06,10,11,12,14,15,17,22,23,24,25
01,02,04,05,06,10,11,13,14,15,17,22,23,24,25
01,03,04,05,06,10,12,13,14,15,17,22,23,24,25
02,03,04,05,06,10,11,12,13,14,17,22,23,24,25
01,02,03,04,05,06,10,11,12,13,17,22,23,24,25
01,02,03,04,05,06,10,11,12,14,17,22,23,24,25
01,02,03,04,05,06,10,11,13,14,17,22,23,24,25
01,02,03,04,05,06,10,12,13,14,17,22,23,24,25
01,02,03,04,05,06,10,11,13,15,17,22,23,24,25

Esses Jogos estão focados no acerto de 14 pontos. Mais também pertencem ao grupo dos jogos de média agressividade para faixas de 11, 12, 13 pontos. Por esse motivo os critérios do grupo são muito rígidos no sentido de acerto. Ou você acerta o padrão X do grupo ou não acerta NADA! Quando você acerta esse padrão não há outro caminho a não ser os 14 pontos ou 15 pontos.

Vamos à simulação e uma breve introdução dos parâmetros que você vai aprender no segundo volume desse estudo, quando eu explico a Fórmula Negra e depois esclareço como usar ela corretamente com poucas apostas.

Por que pra falar a verdade a Fórmula existe, mais ela foi desenvolvida para muitos jogos. Contudo como sei que o nível das apostas da maioria das pessoas é de no máximo 10 jogos e no limite de 25, eu preparei grupos com fórmulas menos agressivas que façam sentido sonhar nos 14 pontos pelo menos.

Para entender sobre esses padrões únicos você primeiro tem que saber o que são PADRÕES, como também tem que saber o que são COMBINATÓRIAS. Conhecendo esses dois elementos você está capacitado para entender a fórmula, e como pode manipular ela para acertar 11, 12,13 pontos, ou torna-la agressiva para acertos de 14 e 15 pontos.

Esse negócio de dizer que você vai viver de Lotofácil é uma ilusão, ESQUECE! Isso não é possível em sorteios de prêmios milionários. Agora se você acertar os 15 pontos obviamente você vai viver muito bem devido à grande fortuna que vai receber.

Então esqueça o termo: **"Renda com a lotofácil ou Lucrar com a Lotofácil".** Se você encontrar esses temas no youtube ou em sites que vendem planilhas, Fuja disso! Não caia nessas ciladas. Nem na bolsa de valores você vive de renda certa, sendo que por lá não é um sorteio.

Então por que jogamos afinal se sabemos que é difícil acertar? Hora... Jogamos para ficar ricos um dia quando acertamos o critério difícil. Se nosso foco fosse jogar para ter uma renda extra, não precisaríamos trabalhar mais na vida. Bastava apenas apostar e pronto.

Ter um Emprego, fazer investimentos, estudar sempre, trabalhar todos os dias. No momento é a única forma de pagar contas, boletos, empréstimos, dívidas etc.

Há muito tempo joguei para recuperar apostas, e percebi que nunca passava dos 12 pontos. Os prêmios de consolação servem para CONSOLAR. Uma maneira de dizer que você não perdeu tudo e pode voltar a jogar outra vez para não desistir.

Contudo apostando dessa maneira sempre estará condicionado a não perder tudo, e claro, também estará num ciclo vicioso onde nunca vai ganhar 14 ou 15 pontos.

Por que pra acertar 14 pontos seu objetivo da aposta deve ser para acertar isso e não 11, 12,13 pontos. Puxa vida Ismael, mais isso quer dizer que seus jogos existem grandes risco de perder tudo? Sim... Por que é dessa maneira que você tem mais chance de acertar as faixas difíceis. Se apostar jogos com muitas variações de combinações pegará os 13 pontos, e isso vai mudar sua vida? Acho que não.

Por tanto qual é a diferença de apostar agressivo para apostar esperando consolo? Que você é alguém que precisa aprender a ganhar dinheiro na vida, a criar fontes de renda. Pois quem sabe criar fontes de renda, Aposta para ficar milionário e não para pagar boletos ou ter um salário.

Eu sou diferente. Prefiro perder tudo e saber que estou correndo um sério risco de pegar 14 pontos ou 15 do que ficar na esmola de recuperação. Pois eu não quero uma renda extra. O foco é atingir o acerto do critério difícil que são os **padrões + as dezenas fixas** e assim acertar, e não procrastinar em 11, 12, 13 pontos.

Por tanto os jogos acima são para recuperar 11, 12 13 pontos? Não... Eles são pra perder tudo ou ganhar 14 pontos e quem sabe até os 15. **É o jogo do tudo ou nada.** Agora vou te explicar por que eles são assim.

Na lotofácil cada linha do volante pode gerar 31 combinatórias diferentes. Assim como as combinatórias, uma linha pode gerar 5 tipos de Padrões diferentes que você já aprendeu anteriormente e não vou ficar repetindo isso a vida inteira.

Cada padrão tem um numero X de combinatórias. Por tanto Padrão tipo 2 e 3 Pode gerar até 10 jogos diferentes. O Padrão tipo 4 e 5 são os padrões que geram poucas apostas e garantem mais pontos. Por tanto o número de pontos depende do padrão que você acerta.

Se você acerta o Padrão 3 só terá 3 pontos na linha. Mais se acertar o padrão 5 você tem 5 pontos.

Percebeu a diferença em um único tipo de padrão? São 2 pontos a mais, e isso já é uma grande diferença.

Analisando isso além do padrão 5 garantir 5 pontos ele só gera apenas 1 jogo. Com esses dados qual padrão representa melhor um grupo de 5 apostas ou 10 apostas para apostadores que não querem gastar muito?

Obviamente o Padrão de linha 4 e 5 são padrões com poucas combinatórias e que podem gerar poucos jogos e garantir muitos pontos. Esses padrões de linha são recomendados para grupos pequenos de jogos. O investimento é baixo, o risco é grande de perder, mais é o caminho a ser seguido para sempre.

Até aqui tudo bem. Mais se esses padrões não saírem no sorteio? Dirrepente eu fiz 10 joguinhos com padrão 4 e 5 e saiu o padrão 2, que resultado vou ter? Bom... Nesse caso perde tudo! Agora sim posso te explicar o que são grupos agressivos para 14 pontos.

Partindo do princípio que o padrão garante muitos pontos com poucas apostas, a única coisa que você tem que ter é SORTE! Mais você não disse que garantia a linha sem precisar de sorte? Sim... Eu disse. Mais a garantia da linha é se você usar todos os padrões e todas as combinatórias dando o total de 31 jogos pagando R$ 2,50 dará R$77,50. E apostando essas variações significa que está focando no consolo de 11,12 e 13 pontos.

E você não vai querer jogar para recuperar apostas vai? Se o seu objetivo for recuperar gastos acertando 11, 12, 13 Pontos **o caminho é garantir linhas**. Agora se você está mais arriscado e quer acertar os 14 pontos não há outra maneira se não contar com a sorte para acertar **padrão de 4 ou 5 dezenas em seus pequenos grupos de apostas e ainda usar dezenas fixas. E caso não saia o critério, perde tudo.**

Entenda que embora seja apenas 5 padrão numa linha TIPO1, TIPO 2, TIPO 3, TIPO 4, TIPO 5, não significa que será fácil ou garantido que no sorteio você acerte o padrão que escolher.

Eu deixo isso bastante claro, pra você não sair divulgando que não acerta nada. Que o método não funciona! Isso mesmo o método não funciona pra você que não entende que acertar o padrão é algo estupidamente aleatório, quem vai adivinhar qual padrão vai sair no sorteio?

São cinco padrões. As chances são de 1 para 5 muito menos que 1 para 11 que é a chance de pegar 11 pontos. Mais e daí? Quem vai garantir que você acerte o padrão se não pela sorte jogando apenas 1 ou 2 ficando de fora 3?

Agora se você quer garantir o padrão terá que ter muito mais que 25 jogos. Nesse caso isso é assunto para o livro 2 dessa saga de conhecimentos combinatórios. Você pode até garantir não apenas padrões, como também resultados em linhas. Pode até garantir linhas completas como 2 ou mais. Porém não se alegre, pois a garantia disso não é a garantia de 14 ou 15 pontos.

Uma linha é garantida com 31 jogos. Mais duas linhas é garantido pelo dobro do numero 31. Praticamente 961 apostas, que são otimizadas com as fórmulas e com os padrões pode ser reduzido para 626 jogos com altas possibilidades de garantir as duas linhas e acertar sem precisar de 1% de sorte para 13 pontos com altas e tornando o processo de acerto dos 15 pontos algo muito mais provável contudo ainda na parte de consolação.

Ocorre que o tema de garantia de duas linhas, número de jogos, é algo para bolões e não para apostas individuais. E mesmo assim não há como eliminar 100% todas as cinco linhas.

16

DICAS EXTRAS APROFUNDADAS, CURIOSIDADES:

A 3° COLUNA DA CRUZ JÁ ZEROU ALGUMAS VEZES. ISSO QUER DIZER QUE ZERAR É NÃO SAIR NENHUMA DEZENA NA COLUNA. TOTAL 5 DEZENAS. ISSO DARIA UM FECHAMENTO DE 20 DEZENAS CERTEIRO COM 15 DENTRO DAS 20.

Colunas zeradas: Ocorre quando no sorteio não sai nenhuma das dezenas na coluna, nas linhas é mais difícil acontecer. No volante da lotofácil, temos 5 linhas e 5 colunas. Assim como ocorre nas colunas, existe uma rara possibilidade de zerar as cinco dezenas de uma linha. Mais a ocorrência desse evento é 0,01% de todos os sorteios da lotofácil. Melhor você excluir dezenas da coluna do que da linha, pois haverá mais possibilidades de acerto das falhas do que nas linhas.

Esses São os filtros que mais sai dezenas nos sorteios da Lotofácil:

NÚMEROS PRIMOS: 02, 03, 05, 07, 11, 13, 17, 19,23
FIBONACCI: 01, 02, 03, 05, 08, 13,21
GÊMEAS: 11,22
CRUZ: 03, 08, 13, 18, 23, 11, 12, 14,15
MOLDURA: 01,02,03,04,05,06,10,11,15,16,20,21,22,23,24,25
PADRÃO DE LINHA OU COLUNA: 2,3 e 4
CICLO DE DEZENAS AUSENTES: Observar o ciclo no rastreador de tendências.
DEZENAS MÁGICAS: 05, 06, 07, 12, 13, 14, 19, 20,21
DEZENAS RAÍZES: 01, 04, 09, 16,25

Se você usar qualquer dessas dezenas de cada filtro, e analisar com cuidado quais estão atrasadas ou até mesmo muito freqüentes, pode usar nos seus jogos que com certeza o resultado será muito bom.

GARANTIA DE RESULTADO NAS LINHAS 1, 2, 3, 4, 5 E COLUNAS 1,2,3,4,5 SÃO 31 COMBINAÇÕES

01,
02,
03,
04,
05,
01,02,

01,03,
01,04,
01,05,
02,03,
02,04,
02,05,
03,04,
03,05,
04,05,
01,02,03
01,02,04,
01,02,05,
01,03,04,
01,03,05,
01,04,05,
02,03,04,
02,03,05,
02,04,05,
03,04,05,
01,02,03,04,
01,02,03,05,
01,02,04,05,
01,03,04,05,
02,03,04,05,
01,02,03,04,05,

Em todas as 5 linhas ou cinco colunas é a mesma possibilidade por isso que a lotofácil é muito difícil de você acertar jogando apenas uns 3 joguinhos.

Desdobramento das 7 dezenas da cruz em combinações de 3

DESDOBRADAS EM COMBINAÇÕES DE 3 = 35 COMBINAÇÕES:

03,11,12,13,14,18,23

03,11,12
03,11,13
03,11,14
03,11,18
03,11,23
03,12,13
03,12,14
03,12,18
03,12,23
03,13,14
03,13,18
03,13,23
03,14,18
03,14,23
03,18,23
11,12,13
11,12,14

11,12,18
11,12,23
11,13,14
11,13,18
11,13,23
11,14,18
11,14,23
11,18,23
12,13,14
12,13,18
12,13,23
12,14,18
12,14,23
12,18,23
13,14,18
13,14,23
13,18,23
14,18,23

CURIOSIDADE: Toda vez que falhasse 3 dezenas da cruz, daria 35 jogos de 22 dezenas que pegaria 100% os 15 pontos dentro das 22. Em tese você acertaria aqui nesse grupo 3 dezenas que iriam falhar no sorteio. Bom para quem aposta nas loterias alternativas que aceitam apostas com 22 dezenas.

DESDOBRADAS EM COMBINAÇÕES DE 4 = 35 COMBINAÇÕES:

03,11,12,13
03,11,12,14
03,11,12,18
03,11,12,23
03,11,13,14
03,11,13,18
03,11,13,23
03,11,14,18
03,11,14,23
03,11,18,23
03,12,13,14
03,12,13,18
03,12,13,23
03,12,14,18
03,12,14,23
03,12,18,23
03,13,14,18
03,13,14,23
03,13,18,23
03,14,18,23
11,12,13,14
11,12,13,18
11,12,13,23
11,12,14,18
11,12,14,23

11,12,18,23
11,13,14,18
11,13,14,23
11,13,18,23
11,14,18,23
12,13,14,18
12,13,14,23
12,13,18,23
12,14,18,23
13,14,18,23

CURIOSIDADE: Toda vez que falhasse 4 dezenas da cruz, daria 35 jogos de 21 dezenas que pegaria 100% os 15 pontos dentro das 21.

DESDOBRADAS EM COMBINAÇÕES DE 5 = 21 COMBINAÇÕES:

03,11,12,13,14,18,23

03,11,12,13,14
03,11,12,13,18
03,11,12,13,23
03,11,12,14,18
03,11,12,14,23
03,11,12,18,23
03,11,13,14,18
03,11,13,14,23
03,11,13,18,23
03,11,14,18,23
03,12,13,14,18
03,12,13,14,23
03,12,13,18,23
03,12,14,18,23
03,13,14,18,23
11,12,13,14,18
11,12,13,14,23
11,12,13,18,23
11,12,14,18,23
11,13,14,18,23
12,13,14,18,23

CURIOSIDADE: Toda vez que falhasse 5 dezenas da cruz, daria 21 jogos de 20 dezenas que pegaria 100% os 15 pontos dentro das 20. Pra mim esse aqui é o melhor esquema de ERRE 5 que conheço, por que 21 jogos de 20 dezenas na lotinha ou loteria alternativa paga prêmios até legais.

JOGANDO AS COMBINAÇÕES ABAIXO VOCÊ TERÁ 100% O ACERTO DE 4 DEZENAS QUE VÃO SAIR EM QUALQUER SORTEIO DA LOTOFÁCIL:

01,03,09,13,19
02,04,08,14,18
03,07,09,12,15
05,06,10,20,25
05,10,16,23,24
06,16,23,24,25
07,13,15,19,21
11,16,17,22,23
11,17,20,22,24
01,12,13,19,21

ACERTANDO MOLDURA 12 EM COMBINAÇÕES DE 12 VOCÊ GARANTE 100% OS 12 ACERTOS E COLOCANDO 3 FIXAS E ACERTANDO AS 3 FIXAS VOCÊ GARANTE OS 15 PONTOS EM 56 JOGOS DE 15 DEZENAS.

Nessa estratégia a única sorte que você precisa ter é acertar dois critérios bem difíceis. O primeiro é a Moldura 12 por que ela não sai com freqüência. Em média sai sempre moldura 10. Óbvio que precisa acertar as 3 dezenas fixas pela sorte também. Mais tanto a moldura quanto as 3 dezenas fixas são dois critérios matemáticos muito difíceis de acertar, precisa ser uma metodologia a longo prazo.

Única desvantagem é a quantidade de jogos para apostar individual. Mesmo assim vale a pena você perseguir esse critério.

SÃO 56 JOGOS

02,04,06,10,16,01,03,05,11,15,21,23 + **3 DEZENAS FIXAS**
02,04,06,10,20,01,03,05,11,15,21,25
02,04,06,10,22,01,03,05,11,15,23,25
02,04,06,10,24,01,03,05,11,21,23,25
02,04,06,16,20,01,03,05,15,21,23,25
02,04,06,16,22,01,03,11,15,21,23,25
02,04,06,16,24,01,05,11,15,21,23,25
02,04,06,20,22,03,05,11,15,21,23,25
02,04,06,20,24,01,03,05,11,15,21,23
02,04,06,22,24,01,03,05,11,15,21,25
02,04,10,16,20,01,03,05,11,15,23,25
02,04,10,16,22,01,03,05,11,21,23,25
02,04,10,16,24,01,03,05,15,21,23,25
02,04,10,20,22,01,03,11,15,21,23,25
02,04,10,20,24,01,05,11,15,21,23,25
02,04,10,22,24,03,05,11,15,21,23,25
02,04,16,20,22,01,03,05,11,15,21,23
02,04,16,20,24,01,03,05,11,15,21,25
02,04,16,22,24,01,03,05,11,15,23,25
02,04,20,22,24,01,03,05,11,21,23,25
02,06,10,16,20,01,03,05,15,21,23,25
02,06,10,16,22,01,03,11,15,21,23,25
02,06,10,16,24,01,05,11,15,21,23,25
02,06,10,20,22,03,05,11,15,21,23,25
02,06,10,20,24,01,03,05,11,15,21,23
02,06,10,22,24,01,03,05,11,15,21,25
02,06,16,20,22,01,03,05,11,15,23,25

02,06,16,20,24,01,03,05,11,21,23,25
02,06,16,22,24,01,03,05,15,21,23,25
02,06,20,22,24,01,03,11,15,21,23,25
02,10,16,20,22,01,05,11,15,21,23,25
02,10,16,20,24,03,05,11,15,21,23,25
02,10,16,22,24,01,03,05,11,15,21,23
02,10,20,22,24,01,03,05,11,15,21,25
02,16,20,22,24,01,03,05,11,15,23,25
04,06,10,16,20,01,03,05,11,21,23,25
04,06,10,16,22,01,03,05,15,21,23,25
04,06,10,16,24,01,03,11,15,21,23,25
04,06,10,20,22,01,05,11,15,21,23,25
04,06,10,20,24,03,05,11,15,21,23,25
04,06,10,22,24,01,03,05,11,15,21,23
04,06,16,20,22,01,03,05,11,15,21,25
04,06,16,20,24,01,03,05,11,15,23,25
04,06,16,22,24,01,03,05,11,21,23,25
04,06,20,22,24,01,03,05,15,21,23,25
04,10,16,20,22,01,03,11,15,21,23,25
04,10,16,20,24,01,05,11,15,21,23,25
04,10,16,22,24,03,05,11,15,21,23,25
04,10,20,22,24,01,03,05,11,15,21,23
04,16,20,22,24,01,03,05,11,15,21,25
06,10,16,20,22,01,03,05,11,15,23,25
06,10,16,20,24,01,03,05,11,21,23,25
06,10,16,22,24,01,03,05,15,21,23,25
06,10,20,22,24,01,03,11,15,21,23,25
06,16,20,22,24,01,05,11,15,21,23,25
10,16,20,22,24,03,05,11,15,21,23,25

9 COMBINAÇÕES DE IMPARES QUE PEGA SEMPRE 9 PONTOS SE SAIR O FILTRO DE 9 IMPARES E 6 PARES. SÃO 49 JOGOS

05,07,11,15,17,19,21,23,25,
05,09,11,13,15,19,21,23,25,
01,03,05,09,11,13,15,19,23,
01,03,07,11,15,17,21,23,25,
01,03,05,07,09,11,19,21,25,
03,07,13,15,17,19,21,23,25,
01,03,05,07,11,13,15,19,25,
01,03,05,07,09,11,13,21,23,
01,03,09,13,15,17,19,21,23,
01,03,05,07,09,11,15,23,25,
01,03,05,09,11,17,21,23,25,
03,07,09,11,13,17,19,23,25,
03,05,09,13,17,19,21,23,25,
03,05,07,09,11,13,15,17,19,
01,03,05,07,09,15,17,19,25,
01,03,07,09,13,17,19,21,25,
01,03,11,13,15,17,19,21,25,
07,09,11,13,15,17,19,21,23,
03,05,07,09,13,15,17,21,25,
01,03,05,09,11,13,17,19,25,
01,03,05,07,09,13,17,23,25,
03,05,07,09,11,15,17,21,23,
01,03,07,09,13,15,19,23,25,
01,05,09,11,15,17,19,23,25,

01,07,09,15,17,19,21,23,25,
01,05,07,09,11,13,15,19,21,
01,03,05,07,11,15,17,19,23,
01,05,07,09,11,13,19,23,25,
01,03,05,07,17,19,21,23,25,
01,03,05,11,13,19,21,23,25,
01,03,07,09,11,15,17,19,21,
05,07,09,13,15,17,19,23,25,
01,03,09,11,13,15,21,23,25,
01,05,07,09,11,13,15,17,23,
03,05,07,09,13,15,19,21,23,
01,05,09,11,13,15,17,21,25,
01,03,07,11,13,15,19,21,23,
01,03,05,09,15,19,21,23,25,
01,05,07,09,11,17,19,21,23,
03,05,09,11,15,17,19,21,25,
03,07,09,11,15,19,21,23,25,
01,05,07,11,13,15,21,23,25,
01,05,13,15,17,19,21,23,25,
03,05,11,13,15,17,19,23,25,
01,03,05,11,13,15,17,21,23,
01,03,05,07,11,13,17,19,21,
01,07,11,13,17,19,21,23,25,
05,07,09,11,13,17,21,23,25,
01,03,07,09,11,13,15,17,25,

Aqui você vai ter 9 pontos apenas acertando o filtro de 9 impares e 6 pares contudo mesmo sendo um critério digamos mais fácil, eu acho essa técnica para consolação de 11, 12 e 13 pontos.

17

A melhor técnica para lotofácil de todos os tempos se você tiver paciência atrelada à sorte em acertar 15 pontos dentro das 20.

1ª PASSO: Pegue a técnica dos quadrantes de 16 dezenas para usar. Segue a tabela das combinações que fecham pelo menos o acerto de 3 falhas.

01,02,06,07
02,03,07,08
03,04,08,09
04,05,09,10
06,07,11,12
07,08,12,13
08,09,13,14
09,10,14,15
11,12,16,17
12,13,17,18
13,14,18,19
14,15,19,20
16,17,21,22
17,18,22,23

18,19,23,24
19,20,24,25

2ª PASSO. Você vai escolher jogos de 20 dezenas Observando sempre essas posições das dezenas na Primeira linha:

A. **Primeiro jogo de 20: Começando com 01,02**
B. **Segundo jogo de 20: Começando com 03,04**
C. **Terceiro Jogo de 20: Começando com 04,05**
D. **Quarto Jogo de 20: Começando com a 05,06**

Cada jogo de 20 dezenas deve ser desdobrado em pelo menos 4 jogos, melhor se fosse de 16 ou 17 dezenas, mais pode ser feito com 15 dezenas mesmo.

I. Primeiro jogo de 20 dezenas como as combinações começam com as dezenas 01,02 logo você tem que pegar as eliminadas dos quadrantes começando da ultima linha para a primeira. Lembrando que é para deixar sem marcar no desdobramento, não é para marcar. Logo, as dezenas do fechamento de 20, não podem pertencer à linha 4,5:

19,20,24,25 linha 4+ linha 5
18,19,23,24
17,18,22,23
16,17,21,22

II. Segundo jogo de 20 começando das dezenas 03,04 Logo, as dezenas do fechamento de 20, não podem pertencer às linhas 3,4:

11,12,16,17 linha 3 + linha 4
12,13,17,18
13,14,18,19
14,15,19,20

III. Terceiro jogo de 20 começando na pocisão 04,05 Logo, as dezenas do fechamento de 20, não podem pertencer as linha 2,3:

06,07,11,12 Linha 2 + linha 3
07,08,12,13
08,09,13,14
09,10,14,15

IV. Quarto jogo de 20 começando na pocisão 05,06 Logo, as dezenas do fechamento de 20, não podem pertencer as linha 1,2:

01,02,06,07 Linha 1 + linha 2
02,03,07,08
03,04,08,09
04,05,09,10

Interessante você perceber que as 5 excluídas de 20 dezenas não devem pertencer essas linhas, e cada excluída dessa deve ser encaixada na montagem dos jogos em cada grupo.

3ª PASSO: Escolha as 20 dezenas sempre prestando atenção na pocisão das dezenas nessa primeira linha, assim observando a estatística das melhores dezenas dos últimos 3 a 5 sorteios anteriores, e depois entre essas 20 dezenas escolhidas é preciso você escolher 6 dezenas que terão que ser fixas (FIXADAS, REPETIDAS) nos 4 jogos de cada grupo.

Então ficaria assim:

1) Primeiro grupo de 20 com 6 dezenas fixas + combinação de 4 falhas dos quadrantes que não podem ser marcados nos jogos.

2) Segundo grupo de 20 com 6 dezenas fixas + combinação de 4 falhas dos quadrantes que não podem ser marcados nos jogos.

3) Terceiro grupo de 20 com 6 dezenas fixas + combinação de 4 falhas dos quadrantes que não podem ser marcados nos jogos.

4) Quarto grupo de 20 com 6 dezenas fixas + combinação de 4 falhas dos quadrantes que não podem ser marcados nos jogos.

GARANTIAS: Em cada grupo um deles vai ter a garantia de 3 falhas incondicionalmente. Isso já aumentará as chances de acertos em um dos 4 grupos.

Acertando 15 pontos dentro das 20 certamente as chances de fazer 14 pontos serão de 90%. É importante que você verifique se no sorteio houve de fato o acerto de 15 pontos dentro das 20 dezenas escolhidas. Isso é um critério para quem ainda não sabe o sentido dessa palavra.

Como são 4 jogos de 20 começando com pocisões diferentes, isso aumenta e muito a chance de fazer 15 pontos dentro de 20, desde que no sorteio não saia na linha 1 padrões de 4 ou 5 dezenas.

Para esse fechamento é interessante que saiam padrões na primeira linha de uma dezena, duas dezenas e no máximo três dezenas. E que essas combinações que saiam no sorteio sejam exatamente parecidas com essas listadas abaixo:

01 pulando para 06
02 pulando para 06
01,02 pulando para 06
01,02,03 pulando para 06
03 pulando para 06
04 pulando para 06
03,04 pulando para 06
03,04,05 pulando para 07

04,05 pulando para 07
05 pulando para 07 ou 08
05,06 pulando para 10
05 pulando para 10

Qualquer um desses padrões saindo no sorteio aumentará em 90% as chances de se fazer 15 pontos dentro das 20. Agora é preciso que você seja inteligente. Pois saindo qualquer dos padrões abaixo, os resultados são péssimos:

Padrão 4 ou 5 tais como:
01,02,03,04
01,02,03,04
02,03,04,05
01,03,04,05
01,02,04,05
01,02,03,04,05

Nesse caso o fator sorte não é eliminado. Algo que você precisa ser consciente de que **nenhuma estratégia por melhor que seja não será positiva, se você não acertar os critérios e padrões propostos. Que devem ser acertados pela sorte, por isso que o jogo sempre será um sorteio independente de qualquer técnica apresentada.**

Acertando os 15 pontos dentro das 20 + as 6 fixas as chances para os 15 pontos fica em torno de 90%

altíssimas chances principalmente você apostatando jogos de 16 dezenas ou 17 dezenas fazendo bolões entre amigos.

Existe um aplicativo muito bom para desenvolver essa mesma estratégia é o Randon Sorte. Procure fechamentos com 20 dezenas e 6 fixas com garantia de 14 pontos nesse app gratuitamente é muito fácil de montar os jogos.

Com a diferença que montando manualmente você usaria a estratégia dos quadrantes o que facilitaria ainda mais os acertos no grupo.

Descubra mais Técnicas acessando meu site oficial https://www.truquesdeloteria.com.br

Você Ganhou o Acesso do Curso Complementar

NÃO DEIXE DE CONHECER MEU CURSO COMPLETO DE DESDOBRAMENTO AVANÇADO PARA LOTOFÁCIL A COLETÂNIA COM TODOS OS ESTUDOS JÁ FEITOS POR MIM! TODOS OS LIVROS QUE JÁ ESCREVI SOBRE LOTOFÁCIL E QUINA.

CURSO LOTOFÁCIL SEM COLUNA EM VÍDEO AULAS PRÁTICAS + COMUNIDADE DE ALUNOS NO FACEBOOK E OUTRAS REDES SOCIAIS

Entre em contato comigo pelos canais de atendimento abaixo, GRATUITAMENTE para quem comprou esse livro. Ou mesmo você pode acessar o endereço do site onde o curso Complementar a Leitura desse livro está inserido. O endereço para acessar DE GRAÇA 100% o curso está no link a abaixo:

- Copie a URL e cole no seu navegador para abrir a página do Curso Completo:

https://truquesdeloteria.com.br/curso-lotofacil-sem-coluna/

Site Oficial: https://www.truquesdeloteria.com.br

E-mail: ismael.escritor@gmail.com

Solicite sua vaga no Site Oficial:

https://www.truquesdeloteria.com.br

Inscreva-se

Faça parte da grande comunidade do youtube nesse endereço:

https://www.youtube.com/channel/UCH-672APZBLMRmpD-QG-WkQ

AGRADECIMENTOS

EU DESEJO QUE REALMENTE VOCÊ ACERTE NA LOTOFÁCIL, E QUANDO ISSO ACONTECER NÃO SE ESQUEÇA DE ENTRAR EM CONTATO COMIGO PARA JUNTOS COMEMORARMOS SUA CONQUISTA E COLOCAR NA GALERIA DE RESULTADO DO SITE.

CLARO QUE EU NÃO SOU MILIONÁRIO APENAS POR QUE ESCREVI ESSE LIVRO, MAIS POSSO TE GARANTIR QUE TUDO QUE ENSINEI FAZ MUITO SENTIDO. SEGUIR ESSES CONSELHOS CERTAMENTE AUMENTA SUAS CHANCES DRASTICAMENTE PARA ACERTAR UM DIA OS 15 PONTOS.

BOA SORTE!

PRESENTE SECRETO DO LIVRO

Esse módulo não faz parte do livro, considere um bônus secreto recebido por alguém especial. DEUS.

Fala-se muito em estratégias, em teorias, em conceitos, mais nesse livro eu lhe revelei que a maior parte do segredo é ter **paciência.**

Outras qualidades para revisar, é que você não pode ser desesperado nem pessimista, por tanto precisa ter uma **boa mentalidade** antes de apostar qualquer jogo.

A riqueza e o poder ela é uma chave. Nem todos conseguem tê-la. Muitos acreditam que recebem com trabalho, com esforço pessoal... Outros simplesmente acontecem às coisas na sua vida de forma aleatória.

O fato é que o que mudou minha vida de verdade nem foram tanto às técnicas ensinadas nesse livro, mais a **mudança de comportamento** que passei a ter quando meus olhos abriram para descobrir a chave.

A chave que abre as portas do universo ela é a GRATIDÃO. Primeiro você deve está apto a ter um propósito igual a uma missão onde possui um roteiro de desafios a cumprir.

Que roteiros são esses? Muitos deles exigem de você algumas noites de sono perdidas... Outras até mesmo que tenha capacidade de oferecer seu sangue por uma vitória.

Nesse roteiro antes de receber a chave você precisa está preparado mentalmente para passar pelos eventos de transformação do seu DNA.

Todas as pessoas nascem no mundo para serem ricas, e não importa se vão ser através da loteria. Ocorre que as abundâncias que o universo dar pela chuva, muitas delas não chega à casa de todos.

Por falta de propósito com DEUS. Nenhuma sorte ocorre na sua vida se ela for por um propósito pessoal. Existimos entre milhões... Todos os dias têm crianças passando fome, pessoas morrendo doentes.

Todos os dias têm que acordar cedo quando o sol surgir iluminando nosso quarto. Levantar e dizer a primeira palavra do dia: **"EU SOU GRATO POR AINDA ESTÁ AQUI"**, e após agradecer repetir todos os dias à mesma palavra que comecei a falar:

"EU SOU A PORTA QUE ABRE E NÍNGUEM FECHA E FECHA E NINGUEM ABRE"

Parece loucura o que vou te contar, mais se você repetir essa palavra todos os dias antes de escovar os dentes, e fazer qualquer coisa. Algo excelente vai acontecer durante algumas semanas e meses.

Você vai perceber que as coisas podem não mudar naquele mesmo dia::: Porém ao continuar falando a mesma frase, todos os dias eternamente, suas semanas e meses começaram a mudar.

E nessa seqüência de passos que muitos até podem achar loucura, mora o segredo de receber a chave para abrir a porta da abundância em tua vida.

Ser grato. Ser positivo. DETERMINAR VITÓRIA significa bater na porta. Bater nela todos os dias cumprindo missões.

Hoje eu já dei um prato de comida alguém que me pediu? Já vi aquela criança precisando de minha mão e não fiz nada? Não visitei o hospital, e nem sei o que é alguém vegetando numa cama? Será que você está realmente sendo Grato ao ponto da porta abrir e merecer a chave da abundância?

Pois eu vou te contar que todo sofrimento que passo, e já passei poderia dizer que não sou grato, pois mais de 7 anos de minha vida foram dentro de hospitais, dormindo em cadeiras e vegetando observando meu filho gemendo numa cama hospitalar.

Mais nunca deixei um único dia de AGRADECER, e bater na porta de forma que aquilo era o meu segredo para vencer e **ser digno de receber qualquer benção.**

Para receber a chave você precisa ser Digno, e precisa **entender todo processo**. Além de claro, está preparado para cumprir as missões que Deus te pedir.

Missões de coragem, onde muitas vezes tem sangue derramado, e outras vezes têm marcas que ficam para sempre nas portas da tua casa.

Por que as portas da tua casa precisam ser marcadas com dedo de sangue, para que os anjos possam chegar nelas e observar se sua casa merece receber essa dádiva tão preciosa que é a tua liberdade financeira, sendo que através dela, pode ajudar muitas pessoas.

Após isso você precisa doar... Sim, não acumular para si mesmo os ganhos, livrando-se do apego ao dinheiro e sua ilusão. Os papeis eles são apenas notas. Alguns não são seus. São de obras de caridade para aqueles menos favorecidos.

Depois de ser grato e merecedor, você terá uma mente tranqüila. Não estará ansioso e desesperado em receber valores, mais gerar valores para si gerando para os outros.

Igual a frase célebre que ouvi um dia que dizia assim: *"O homem que não serve para servir, ele não serve para viver"* por que não é o dinheiro que o faz melhor que o outro, mais o caráter, o comportamento, as atitudes e ações de compreender os outros, em vez de viver em prol de si mesmo.

Assim as missões que são dadas por Deus elas incluem sacrifícios, deles que você muitas vezes não vai querer cumprir. Pois a idéia de ter muito dinheiro, sempre está atrelado ao PODER. E muitos quando chegam a esse nível, esquecem que o mundo gira para todas as pessoas e não somente para si mesmas.

Por tanto, receber presentes depende se você doa geralmente quem mais recebe presentes é quem doa presentes. Por que se você não presenteia ninguém, como vai ser merecedor de ser lembrado, se não consegue lembrar nem de quem você diz que ama às vezes?

O Enigma do Jogo é a paciência, comportamento, Investimento, e Objetivo. No campo da paciência está o fato de não querer ganhar as coisas do dia para noite. Ser paciente em esperar os tempos certos para os eventos ocorrerem compassadamente de acordo como funciona a natureza.

No campo do Comportamento está à maneira como você aposta. Pois não é com ganância, sendo compulsivo, vicioso e apressado ou pensando em lucros ou algo do tipo. Mais comportamento de ser frio mentalmente quando aposta, sendo humilde com as percas. E não um agressivo por que perdeu no jogo.

Por ser mentalmente frio e não se importar com as percas é que você vai longe segurando combinações que existem épocas certas e tempos certos delas saírem no sorteio. Por isso que existe o investimento, pois até lá se gasta dinheiro, infelizmente essa é a parte que elimina muita gente, pois com as percas vem a desesperança.

Com a desesperança vem o desespero, e nele você muda o tipo de jogo, de estratégia, perde o foco, e começa a testar todo tipo de estratégia que no seu pensamento vai ser a melhor. Esse comportamento vai lhe custar percas não somente no jogo, mais em compras de produtos de loteria sem necessidade.

Focar num único padrão mesmo que ele não saia, é sem dúvida a melhor estratégia para qualquer tipo de jogo. Pois há um provérbio que diz que no jogo onde existe muito dinheiro ou grandes dificuldades, só se acerta uma vez. A verdade é que isso pode não ser uma realidade, mais acertar mais de uma vez parece ilusão, e realmente isso é extremamente raro de acontecer. No tocante aos 15 pontos.

Cumprindo as missões, sendo grato, merecedor, qualificado para receber a chave, paciente para esperar o padrão sair, e sendo determinado até que ele saia, não precisa falar mais nada, você será o próximo vencedor.

Não pelo pacote de jogos que vou enviar abaixo que nem são bons e nem são ruins. Dependem de sua interpretação no que eu vou falar após o pacote abaixo dos 10 jogos mais poderosos da lotofácil de todos os tempos:

O padrão que você deve segurar para sempre é o seguinte: **4+4+4+2+1.** Precisa está ciente que deve esperar **na linha 5 não sair nenhuma dezena ou apenas 1 dezena.** Não importa o tempo que ela demore sair, saindo você terá em suas mãos uma chance de 100% os 14 pontos, ainda se caso acertar as 12 dezenas fixas, e grandes chances de pegar os 15 pontos em 90% dos casos.

01,02,04,05,06,07,08,09,11,12,14,15,16,17,21
01,02,04,05,06,07,08,09,11,12,14,15,16,18,22
01,02,04,05,06,07,08,09,11,12,14,15,16,19,23
01,02,04,05,06,07,08,09,11,12,14,15,16,20,24
01,02,04,05,06,07,08,09,11,12,14,15,17,18,25

01,02,04,05,06,07,08,09,11,12,14,15,17,19,21
01,02,04,05,06,07,08,09,11,12,14,15,17,20,22
01,02,04,05,06,07,08,09,11,12,14,15,18,19,22
01,02,04,05,06,07,08,09,11,12,14,15,18,20,23
01,02,04,05,06,07,08,09,11,12,14,15,19,20,24

Os 10 jogos na quarta e Quinta linha ainda não estão variavelmente completo com 10 apostas ao ponto de garantir 100% os 14 ou 15 pontos se acertar as 12 fixas equivalente ao padrão 4,4,4. Contudo, em termos econômicos é a melhor maneira que acho de repetir, já que saindo poucas dezenas nessas duas ultimas linhas você sempre terá premiações em quase todos os jogos de 11, 12, 13 pontos.

Outra coisa é acertar pelo menos 9 fixas você terá a garantia de pelo menos 11, 12 pontos e 13 pontos em 70% dos casos. Acertando as, 10 fixas, você terá a chance dos 13 pontos em 90% dos casos.

Acertando 11 fixas os 13 pontos são quase certos, mais garantir 14 pontos ou até mesmo os 15 dependeria da variação completa da quarta linha, ou seja, as 10 combinações multiplicado por 5 vezes, o que daria o total de 50 jogos. Como no exemplo abaixo:

01,02,04,05,06,07,08,09,11,12,14,15,16,17,21
01,02,04,05,06,07,08,09,11,12,14,15,16,17,22
01,02,04,05,06,07,08,09,11,12,14,15,16,17,23

<u>01,02,04,05,06,07,08,09,11,12,14,15,</u>16,17,24
<u>01,02,04,05,06,07,08,09,11,12,14,15,</u>16,17,25
<u>01,02,04,05,06,07,08,09,11,12,14,15</u>,16,18,21
<u>01,02,04,05,06,07,08,09,11,12,14,15</u>,16,18,22
<u>01,02,04,05,06,07,08,09,11,12,14,15</u>,16,18,23
<u>01,02,04,05,06,07,08,09,11,12,14,15</u>,16,18,24
<u>01,02,04,05,06,07,08,09,11,12,14,15</u>,16,18,25
<u>01,02,04,05,06,07,08,09,11,12,14,15,</u>16,19,21
<u>01,02,04,05,06,07,08,09,11,12,14,15,</u>16,19,22
<u>01,02,04,05,06,07,08,09,11,12,14,15,</u>16,19,23
<u>01,02,04,05,06,07,08,09,11,12,14,15,</u>16,19,24
<u>01,02,04,05,06,07,08,09,11,12,14,15,</u>16,19,25
<u>01,02,04,05,06,07,08,09,11,12,14,15</u>,16,20,21
<u>01,02,04,05,06,07,08,09,11,12,14,15</u>,16,20,22
<u>01,02,04,05,06,07,08,09,11,12,14,15</u>,16,20,23
<u>01,02,04,05,06,07,08,09,11,12,14,15</u>,16,20,24
<u>01,02,04,05,06,07,08,09,11,12,14,15</u>,16,20,25
<u>01,02,04,05,06,07,08,09,11,12,14,15,</u>17,18,21
<u>01,02,04,05,06,07,08,09,11,12,14,15,</u>17,18,22
<u>01,02,04,05,06,07,08,09,11,12,14,15,</u>17,18,23
<u>01,02,04,05,06,07,08,09,11,12,14,15,</u>17,18,24
<u>01,02,04,05,06,07,08,09,11,12,14,15,</u>17,18,25
<u>01,02,04,05,06,07,08,09,11,12,14,15</u>,17,19,21
<u>01,02,04,05,06,07,08,09,11,12,14,15</u>,17,19,22
<u>01,02,04,05,06,07,08,09,11,12,14,15</u>,17,19,23
<u>01,02,04,05,06,07,08,09,11,12,14,15</u>,17,19,24
<u>01,02,04,05,06,07,08,09,11,12,14,15</u>,17,19,25
<u>01,02,04,05,06,07,08,09,11,12,14,15</u>,17,20,21
<u>01,02,04,05,06,07,08,09,11,12,14,15</u>,17,20,22

01,02,04,05,06,07,08,09,11,12,14,15,17,20,23
01,02,04,05,06,07,08,09,11,12,14,15,17,20,24
01,02,04,05,06,07,08,09,11,12,14,15,17,20,25
01,02,04,05,06,07,08,09,11,12,14,15,18,19,21
01,02,04,05,06,07,08,09,11,12,14,15,18,19,22
01,02,04,05,06,07,08,09,11,12,14,15,18,19,23
01,02,04,05,06,07,08,09,11,12,14,15,18,19,24
01,02,04,05,06,07,08,09,11,12,14,15,18,19,25

01,02,04,05,06,07,08,09,11,12,14,15,18,20,21
01,02,04,05,06,07,08,09,11,12,14,15,18,20,22
01,02,04,05,06,07,08,09,11,12,14,15,18,20,23
01,02,04,05,06,07,08,09,11,12,14,15,18,20,24
01,02,04,05,06,07,08,09,11,12,14,15,18,20,25
01,02,04,05,06,07,08,09,11,12,14,15,19,20,21
01,02,04,05,06,07,08,09,11,12,14,15,19,20,22
01,02,04,05,06,07,08,09,11,12,14,15,19,20,23
01,02,04,05,06,07,08,09,11,12,14,15,19,20,24
01,02,04,05,06,07,08,09,11,12,14,15,19,20,25

Aqui acertando as 12 fixas, e padrão 2 na linha 4 e padrão 1 na linha 5 você garante infalivelmente os 15 pontos dentro dos 50 jogos.

Veja como jogo é difícil, por isso o motivo dos elementos de sorte, persistência, paciência, tempo, investimento, comportamento, e uma infinidade de coisas.

Já que ficar mudando estratégia não adianta, o melhor é focar em 12 dezenas fixas, e principalmente com esse padrão, pois ele é econômico o suficiente para dar 15 pontos com pouco investimento. Agora já as 10 apostas elas depende mais de sorte para os 14 e 15 pontos, porém mesmo assim eu considero o melhor padrão, a melhor estratégia, o melhor caminho a ser seguido, e os melhores jogos a serem repetidos para sempre.

Seja grato na perca. Seja grato no ganho. Abençoado serás com essa chave se assim tiver as qualidades já explicadas.

Faça bom proveito da chave, abra a porta no tempo certo quando for o dia, nem foi sorte. Foi FÉ, Deus, compromisso, foco, objetivo, foi você batendo na porta todos os dias para que ela abrisse. E ela abriu.

Selado. Amém.

NA IMAGEM ABAIXO ESTÁ O RESUMO DE TODA A ESTRATÉGIA DESSE LIVRO

GLOSÁRIO

- ✓ Padrão Linha
- ✓ Padrão de Coluna
- ✓ Padrão Fixo com Dezenas Fixas
- ✓ Dezenas Fixas sem uso do Padrão
- ✓ Fator Sorte não pode ser Eliminado
- ✓ Fator Sorte é igual a acertar critério matemático esperado.
- ✓ Combinações geradas do Padrão de Linha podem ser FIXAS ou VARIAVEIS.
- ✓ FIXAS: A combinação daquele tipo de Padrão se repete em todo o grupo de Jogos.
- ✓ VARIVEIS: O Padrão continua o mesmo, mudam as dezenas que se combinam entre si.
- ✓ Segurar Padrão: Significa Apostar o mesmo padrão, mesmo que possa mudar as dezenas desse padrão. Um padrão pode gerar várias dezenas combinadas entre si. Mais não pode ser mudado.
- ✓ APRENDA MAIS NO CURSO DESSE LIVRO SOBRE ESSES TEMAS E CONTEUDO.

BÔNUS ADICIONAL DE JOGOS PRONTOS

PADRÃO 4 NA PRIMEIRA LINHA, 4 NA SEGUNDA LINHA, 4 NA TERCEIRA LINHA, 2 NA QUARTA LINHA, E UMA DEZENA NA QUINTA E ULTIMA LINHA.

Importante observar o seguinte. Não é necessário acertar o padrão completo para ter prêmios de 11,12,13 pontos. Padrão das cinco linhas ficaria assim **4-4-4-2-1**. Mais é importante lembrar sempre que **O FATOR SORTE NUNCA É ELIMINADO DO JOGO** para não criar falsas interpretações de esquemas lotéricos.

Depende da sorte em acertar o padrão com a probabilidade de 1 entre 200 existentes. Contudo se formos discutir questões de probabilidade vocês verão o seguinte: ***"As chances de acertar 14 pontos na lotofácil apostando 15 dezenas simples, pagando R$2,50 será de 1 para 24 mil apostas."***

Você quer comparar a chance de 1 para 24 mil em relação para 1 em 200 padrões? Por que se acertar o padrão completo é muito difícil não ter um resultado de 14 pontos.

Então o Objetivo desse livro, ou do curso em vídeo Aulas **LOTOFÁCIL SEM COLUNA**, é **AUMENTAR AS CHANCES** através de apostas **ORGANIZADAS,** tornando o objetivo do sorteio diferente no campo da sorte.

Sendo que no primeiro caso deveria acertar 14 dezenas precisando de uma grande sorte. Já no segundo caso deverá acertar apenas o Padrão das 5 linhas. Comparando os dois critérios você não estará preocupado em acertar 14 ou 15 dezenas.

Seu Objetivo é Saber o que é o Padrão de Cinco Linhas. Reconhecer que ele existe de verdade na lógica do jogo. Analisar os que estão saindo ou que são difíceis de sair no sorteio. Saber criar jogos com eles.

Repetir esses padrões cruzando os dedos para que sua sorte ocorra, ou seja, que acerte o Padrão no resultado do sorteio. Acertando ele, pode até não fazer 14 ou 15 pontos dependendo da sorte ou do número de jogos que apostou.

Contudo, duvido que não faça os 14 pontos se jogar mais que 100 jogos em um bolão entre amigos repetindo sempre o mesmo esquema do mesmo Padrão, que é perseguir até acertar ele um dia. Porém não está descartado a possibilidade de acertar com poucas apostas acertando o Padrão, isso quem vai dizer é o seu fator sorte. Às vezes ele pode se encaixar com poucas apostas. Mais em termos de garantia, quanto mais combinações feitas com padrão, maiores serão as suas chances de pontuar as faixas mais difíceis (14 ou 15 pontos) isso aumenta em 300% em relação a quem aposta de forma aleatória.

Não existem milagres em loteria ou esquema 100% Eficaz. Não sou Milionário, apenas um matemático que usa conhecimentos para favorecer suas chances. Muitos prometem viver desse jogo e até lucrar. Mais quem vive de jogo não é quem aposta, e sim, quem vende o jogo (Cambista, Lotéricos, governo etc).

Por isso o foco é os 15 pontos, pois eu garanto que é muito mais fácil você fazer 15 pontos usando a lógica dos padrões combinatórios, do que fazer de forma aleatória. Só o fato de reconhecer isso, acho que lhe ajudei e mereço cinco estrelas na compra desse livro pela lógica apresentada.

Não pelo milagre de ficar rico do dia para noite, mais pelo fato de descobrir que existem combinações verdadeiras que se acertadas pelo fator sorte, elas podem dar aquele forte Impulso para conquista dos 15 pontos dependendo tão somente de acertar o Padrão que está ligado a sua **Inteligência, Paciência, Persistência, e Sorte.**

PADRÃO: 4-4-4-2-1

Primeira Linha 4 dezenas	Segunda Linha 4 dezenas	Terceira Linha 4 dezenas	Quarta Linha 2 dezenas	Quinta Linha 1 dezenas
01,02,03,04	06,07,08,09,	11,12,13,14,	16,17,	21
01,02,03,05	06,07,08,10	11,12,13,15,	16,18	22
01,02,04,05	06,08,09,10	11,13,14,15,	16,19	23
01,03,04,05	06,07,09,10,	11,12,14,15,	16,20	24
02,03,04,05	07,08,09,10,	12,13,14,15,	17,18	25

Esse Padrão pode gerar muitos jogos, quanto mais jogos você gerar nele, mais chances têm de acertar os 15 pontos caso ele saia no sorteio.

Entre em contato comigo para adquirir o pacote com mais de 100 jogos com esse padrão para ficar repetindo para sempre, que um dia você pode acertar os 15 pontos dependendo da sua sorte. A entrega do pacote de jogos junto ao curso em vídeo Aulas está condicionada a um pagamento adicional extra com desconto de 50% utilizando o Código seguinte: **ILC234linhacoluna**

CONSIDERAÇÕES E SINOPSE DO LIVRO

Esse é o Único Livro sobre Jogos de Loteria que revela a verdade sobre o Jogo da Lotofácil. Nele você vai encontrar informações verdadeiras sobre essa modalidade de Aposta, sendo revelado passo a passo como foi planejado esse jogo através de combinações e uso de Matrizes. Algo que vai te deixar pasmado sobre esse tipo de aposta.

Além de revelar todo o esquema empregado por esses matemáticos, o autor do livro descobriu Técnicas que eliminam a necessidade de ter sorte para acertar combinações, somente em uma das 5 linhas existentes, não confundir garantir todas as linhas.Inclusive, ensino o que muitos não ensinam, pois todo mundo sabe que o Fator Sorte não pode ser eliminado, e o trabalho desse estudo é AUMENTAR AS CHANCES DE ACERTOS, e não vender promessas milagrosas como muitos fazem na internet.

Uma vez que você consegue identificar as combinações existentes nessa linha 1,2,3,4,5 ou nas colunas 1,2,3,4,5, você passa a entender todo o projeto arquitetado pelo banco. Com essas informações, você vai descobrir por que algumas poucas pessoas acertam 14 pontos na lotofácil e até os 15 pontos, e por que milhares não conseguem nem passar dos 11 pontos. Esse livro além das informações, Técnicas, esquemas diversos, ele possui Pacotes de jogos prontos dentro dele;

Tanto BÔNUS DO JOGO DA QUINA quanto da lotofácil, onde você pode usar a fim de garantir no Mínimo o acerto com freqüência de 13 pontos. Os 14 e 15 pontos dependem de uma técnica chamada de MÉTODO DE TENTATIVA PARA ACERTAR CRITÉRIOS MATEMÁTICOS PELO FATOR DE SEGURAR OS MESMOS PADRÕES, que nada mais é que repetir as mesmas combinações durante certo tempo.

Nesse sentido você já percebe que não se trata de um livro enganador. Você vai ter sua chance 2 a 3 vezes aumentada para se chegar aos 14 pontos, e 300 vezes para acertar sempre 12 e 13 pontos que são as garantias mínimas do livro. Em loteria todo mundo sabe que não existe milagres, nem fórmulas milagrosas.

Contudo, mesmo não existindo garantias de acertos absolutas, é importante que você aprenda a organizar seus jogos utilizando lógica de organização de combinações, que é o principal tema desse livro. Sem maiores delongas, nenhum outro assunto na internet sobre loteria é verdade. Graças a Deus caso você compre esse livro você estará de fato recebendo em suas mãos o maior de todos os presentes: "A certeza que existe padrões no jogo que podem serem repetidos com persistencia, e através de muita paciência e uma pequena dosagem de sorte acertar premiações". Alerto que ninguém vive de salários de loteria. Tanto que não é um investimento. E por ser assim, o foco do livro é te educar no sentido de saber apostar com mais chance, sem precisar gastar tanto dinheiro com apostas. Transformando você num apostador menos compulsivo, e assim, sendo honesto contigo, aumentando de verdade as chances de Acerto muito melhor que apostar desorganizado, sem meta, e de forma aleatória.

BÔNUS DIAMANTE: CONSELHO DOS ANJOS DA SORTE: PACIÊNCIA, PERSISTÊNCIA, FOCO, FÉ, ESTRATÉGIA, INVESTIMENTO, META.

Monte jogos baseados nesses Padrões Abaixo:

A4,B3,C3,D3,E2
A3,B4,C3,D3,E2
A3,B3,C4,D3,E2
A3,B3,C3,D4,E2
A3,B3,C3,D2,E4
A3,B3,C2,D3,E4
A3,B2,C3,D3,E4
A2,B3,C3,D3,E4

1. Aprenda a Montar Jogos Com Padrão. Se não souber fazer isso **compre meu curso em vídeo Aulas onde ensino como montar combinações de jogos usando padrões de linha. Entre em contato pelo site oficial para adquirir.**
2. Nunca Mude Padrão de Combinação, Repita os mesmo para o resto da Sua vida. Isso significa **Persistência e Paciência.**

3. Quando for montar jogos dentro desses Padrões pesquise as dezenas que se encaixe nos padrões com maiores tendências de sair, usando ao menos as do ultimo sorteio.
4. Em cada Padrão Exclua as seguintes dezenas **11, 22, 01,02** por que sempre acertará duas falhas em 90% dos casos.
5. Quando usar mais que 5 dezenas excluídas **(ERRE5)** dentro de cada padrão não mude nunca essas dezenas, repita elas continuamente, pois uma hora elas falham principalmente aquelas que estão se repetindo há mais de 8 sorteios consecutivos. Deverá acompanhar resultados no site da Caixa ou ser Associado do **Portal Net Sorte**, onde terá o Programa **Loteria Soft** que trás Todas essas estatísticas.
6. Em cada Padrão combinatório desses, sempre é bom usar 6 a 7 dezenas fixas para não precisar de muitas combinações em cada padrão para poder em caso de acertar as fixas, e acertando o padrão ter mais chance de acertar os 14 pontos. Isso é FOCO, também representa META.
7. Sem meta nenhum objetivo é alcançado, nem no jogo, nem na vida profissional. Todo sucesso depende de PACIÊNCIA, PERSISTÊNCIA, FOCO, META. Isso é o básico do Básico.
8. Nunca jogue apenas 1 jogo. Se não tiver dinheiro para INVESTIR, você faz 1 jogo dentro de cada padrão desse, sempre utilizando as estatísticas

atuais, respeitando a quantidade de dezenas de cada padrão sem alterar a lógica do mesmo.

9. **Persiga colunas zeradas**, ou seja, aquelas que não saem nenhuma dezena, ou Linhas zeradas. Esse evento é difícil de ocorrer, mais em caso de ocorrência aumenta suas chances de acertar 14 pontos em 90% dos casos.

Dicas Para Excluir Dezenas

1. Veja as dezenas que não falharam nos últimos 8 sorteios ou mais. Elas possuem tendência de falha.
2. Estude linhas que vieram com muitas dezenas, no outro concurso costuma não virem todas. Do mesmo jeito são as colunas. Se vir muitas dezenas você sabe que aquela linha ou coluna pode vir fraca. Terá vezes que só sairá 1 dezenas numa linha ou 1 dezenas numa coluna então aproveite essas brechas para poder escolher as dezenas excluídas. 3. Analisar primos, múltiplos de 3, Fibonacce. As ausentes que não saíram do filtro tendem a sair. As que mais saíram tendem a falhar. Tentar adivinhar o número de dezenas que vai sair no filtro é outra sacada. Isso é muito importante para excluir dezenas.

3. Estude linhas que vieram com muitas dezenas, no outro concurso costuma não virem todas. Do mesmo jeito são as colunas. Se vir muitas dezenas você sabe que aquela linha ou coluna pode vir fraca. Terá vezes que só sairá 1 dezenas numa linha ou 1 dezenas numa coluna então aproveite essas brechas para poder escolher as dezenas excluídas.
4. O filtro de Gêmeas **(11,22)** uma dessas dezenas costuma falhar sempre no sorteio.
5. Observe que são 5 linhas e 5 colunas. Entre as colunas é muito mais fácil acertar dezenas excluídas ou que podem falhar, principalmente se na coluna saiu 4 ou 5 dezenas no último sorteio. Às vezes sai apenas 1 dezena na coluna, seja ela a primeira, segunda, terceira, quarta coluna ou quinta... Saindo somente 1 dezena outras 4 ficam de fora. Então nesse caso também é outro critério para exclusão de dezenas.

3 jogos de 9 dezenas que pega sempre 7 a 9 pontos com muita frequência:

Primeiro Jogo: 01,04,07,10,13,16,19,22,25
Segundo Jogo: 02,05,08,11,14,17,20,23,25
Terceiro Jogo: 03,06,09,12,15,18,21,24,25

Você pode usar como 9 fixas em seus jogos que dar super certo.

BÔNUS ESMERALDA: JOGOS PRONTOS DA QUINA QUE JÁ DERAM MUITAS QUADRAS

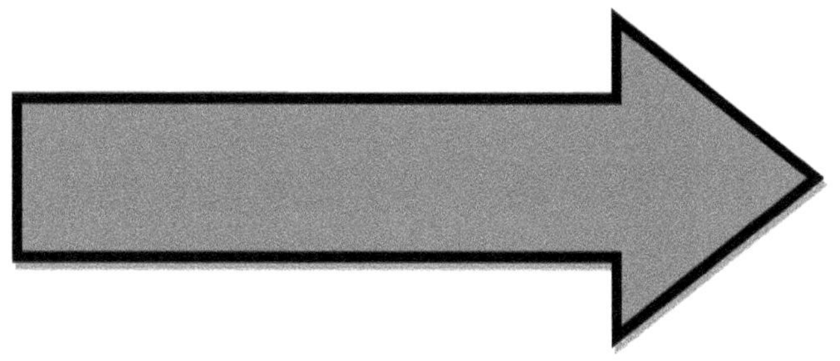

20 Jogos da Quina que você deve apostar

A1B1C1D2

02 07 42 57 68
04 10 43 56 70
05 18 44 66 78
11 26 49 63 77
12 29 46 50 72

A2B1C1D1

10 15 24 46 62
04 25 39 50 53
05 12 27 54 68
02 15 26 43 56
04 11 38 44 46

A1B1C2D1

14 27 51 57 62
15 36 52 61 68
24 39 54 73 66
25 38 42 53 56
02 10 44 52 70

A1B2C1D1

04 18 26 57 72
05 29 36 57 63
11 27 39 61 78
07 12 38 51 77
14 29 36 49 73

Atenção! É preciso que saia dezenas do grupo das 40 escolhidas para acertar o terno. São 40 dezenas entre as 80 existentes que eu eliminei.

HISTÓRIA DE QUEM JÁ GANHOU

1. Repetiu mesmo jogo sem falhar um único dia
2. Na Quina jogou 3 jogos todos os dias sem falhar um único dia e acertou quadras, um deles me contou que acertou as 5 dezenas depois de 1 ano repetindo 3 jogos todo dia sem falhar um único dia.
3. Usou dezenas Fixas acertaram elas num fechamento e acertaram os 15 pontos. Fator sorte. Critério Dezenas fixas em 66 jogos. **Segredo REPETIR.**
4. Acertou uma Quadra recentemente na Quina nesse Link do Youtube:
5. https://www.youtube.com/watch?v=P5K7kqsokm0

Site Oficial: https://www.truquesdeloteria.com.br

SOBRE O AUTOR

Ismael L. Coelho, nome Abreviado no mundo dos Livros. Escritor nasceu em São Paulo aos 16 de Abril de 1990. Técnico em Informática, músico Profissional.

Casou-se aos 16 anos de idade com Maria Janaína dos Santos Lopes, em 2006 através de um processo complicado na Justiça para liberar seu Casamento.

Publicou seu primeiro livro no ano de 2014. Pai de uma criança portadora de necessidades especiais. Pedro Lucas seu primeiro filho, que também nasceu no Ano de 2014, foi vítima de um erro Médico durante o Parto.

Essa Negligência Médica deixou o mesmo de cadeira de rodas. Pedrinho não anda, não fala, não consegue se alimentar pela boca, faz uso de sondas, e hoje em dia vive vegetando dentro de um quarto.

Ismael vive hoje em dia com um hospital dentro de sua casa desde dezembro de 2022. Em setembro desse mesmo ano, seu filho quase morreu.

Ficou internado na UTI por 2 meses, sendo que 15 dias foi Intubado, e hoje sobrevive com ajuda de dispositivos para respirar e aparelhos.

Na mesma Época em que nasceu seu segundo filho, ele viveu momentos difíceis. Enquanto o primeiro morria, o segundo nascia com muita saúde.

Diante das injustiças escreveu várias obras relacionadas ao caso, biografias e dramas, Livros religiosos sobre Deus. Porém foi no campo do estudo de Jogos de Azar que se destacou com a teoria do projeto Lotofácil.

Nesse tema ele escreveu diversas obras que explicam como apostadores de loteria podem ter suas chances aumentadas usando os conhecimentos matemáticos de combinações.

Através desse estudo, o autor conseguiu muitas vezes sair de crises financeiras, e todo sofrimento que ainda hoje vive, acaba superando por ser um Super Pai, o Herói do Pedrinho.

Enfrentou muitas críticas na Lei, na Justiça, nos governos, na Política, e tornou-se um homem de uma história brilhante de superação.

A cada dia vive superando dificuldades, depressão, crises familiares, enfim, esse escritor é um grande artista com dons e talentos de uma raridade sem medida.

www.ingramcontent.com/pod-product-compliance
Ingram Content Group UK Ltd.
Pitfield, Milton Keynes, MK11 3LW, UK
UKHW021957190726
13853UKWH00004B/1581